"十四五"普通高等教育本科部委级规划教材
国家一流本科专业建设配套教材

中国服饰绘画艺术表现

ZHONGGUO FUSHI
HUIHUA YISHU BIAOXIAN

蒋彦婴　编著

中国纺织出版社有限公司

内 容 提 要

本书以中华传统绘画艺术为基础，深入探究我国古代人物画与当代服饰绘画传承创新的多维可能性，为发展具有中国文化特色的当代服饰绘画提供实践技法的审美文化依据。

书中介绍了如何从中国人物画中学习传统审美意识和形式技法，并探索了如何将这些方法应用于当代服饰绘画，从而丰富了当前新绘画类学科和设计学科对中国式艺术语言的表达方式。

本书适合对插画、动漫人物造型、舞台影视人物造型、绘本人物造型、服饰设计，以及对服饰绘画和中国审美文化感兴趣的读者学习。书中提供了深入了解服饰绘画和实用技巧的机会，同时为那些希望在创作中融入中国文化元素的绘画与设计工作者提供了实践技法的方案，是一本内容全面、实用性强的教材。

图书在版编目（CIP）数据

中国服饰绘画艺术表现 / 蒋彦婴编著 . -- 北京 ：中国纺织出版社有限公司，2024.4

"十四五"普通高等教育本科部委级规划教材

ISBN 978-7-5229-1307-0

Ⅰ. ①中… Ⅱ. ①蒋… Ⅲ. ①服饰—绘画技法—高等学校—教材 Ⅳ. ① TS941.28

中国国家版本馆 CIP 数据核字（2024）第 013262 号

责任编辑：王安琪 责任校对：高 涵 责任印制：王艳丽

中国纺织出版社有限公司出版发行
地址：北京市朝阳区百子湾东里 A407 号楼 邮政编码：100124
销售电话：010—67004422 传真：010—87155801
http://www.c-textilep.com
中国纺织出版社天猫旗舰店
官方微博 http://weibo.com/2119887771
天津千鹤文化传播有限公司印刷 各地新华书店经销
2024 年 4 月第 1 版第 1 次印刷
开本：787×1092 1/16 印张：12.75
字数：140 千字 定价：69.80 元

前言 PREFACE

中华文明是一种具有连续性、创新性、统一性、包容性及和平性的文明，中华优秀传统文化是中华文明智慧的结晶，为了坚持中国特色社会主义文化发展道路，增强文化自信，为了激发全民族文化创新创造活力，更好地在文化传承与发展方面实现现代化的创新，采用古为今用、守正创新的学习方法，探寻传统绘画艺术基因所具有的中国式审美与技艺方法是发展具有中国文化特色的当代服饰绘画的理论实践基础。

服饰绘画是绘画领域中具有服装服饰审美语汇的绘画形式，涵盖了服装效果图、时尚插画、动漫插画、影视插画、游戏人物画、时装画等相关内容。由于信息时代和产业发展的需要，服饰绘画已从最初仅服务于设计产业的图纸功能转变为具有艺术表达与设计服务双重特色的新绘画形式，是既追求绘画性又追求装饰性和时尚性的一种绘画语言，多应用于造型艺术创作、时尚设计、插画艺术、动漫游戏创作等学科。

本书提出从中国人物画中引导学习传统审美意识与形式技法，并探索如何将这些方法应用于当代服饰绘画，如何将中国式审美融入作品中，从而丰富当前新绘画类学科与设计学科探寻的中国式艺术语言的表达方式，希望可以通过这种引导形式使学习者深入地理解学习绘画经典作品中的意境与技巧，为发展当前具有中国式审美的创新领域提供绘画艺术视角的实践方法。

蒋彦嬰

2023 年 9 月

目录 CONTENTS

第一章　中国人物画的服饰审美与意义

　　中国人物画自战国秦汉开始兴盛，唐宋时达到高峰，元明清时发展渐微，于当代又得到复兴。从兴起之始到唐宋高峰期人物画以工笔形式面世，逐步发展为写意风格和工笔并存。人物画为表达人物的精神风貌必不可少的是表现与人物息息相关的衣食住行，并通过其中的文化信息表现人物特质。我国人物画发展历史悠久，佳作丰富，不乏诸多表现中华传统审美意识的人物服饰经典作品，这些作品中的表现手法具有传统绘画的审美意境与技法形式。从不同时期、不同风格的人物绘画中汲取艺术表现方法对于发展具有中式审美的服饰绘画意义深远（图1-0-1、图1-0-2）。

图1-0-1　唐　张萱《虢国夫人游春图》（宋徽宗　摹）

图1-0-2　明　佚名《夏景货郎图》

第一节　中国人物画的服饰审美

　　服饰作为衣食住行之首，从古至今被画者作为人物画的重要表现元素进行表现与刻画。服饰文化中蕴含着丰富的人文文化，是表现人物风貌的直观视觉语言。服饰发展至今早已脱离单一的遮体功能，从古代诸多绘画及出土文物精品中可以清晰地辨识服饰的意义。除了基本的舒适保暖功能外，呈现出服饰作为人文文化的重要载体在文化内涵、设计美学、工艺美学、材料美学方面所表现出来的审美价值。古代人物画由于在服饰审美角度发挥的重要作用成为服饰文化传承与研究的依据。

一、中国人物画的服饰构成元素审美

（一）纹饰之美

　　我国最早的植物和鸟的图纹，是装饰在距今约7000年的河姆渡文化的一件长方形陶块上。汉代人物画中已出现作为附属的树木和鸟兽纹的单独纹样。南北朝时期，佛教的传入带来了新的纹样，并与我国原有纹样色彩交融创新，形成了样式多元且具有装饰性的纹样和色彩形式，被应用于染织、服饰、用具、建筑等。今天，我们可以从不同时期人物画作品中看到各时期的纹饰特色。如唐代画家在人物表现中特别注重对纹样和色彩的描绘，并采用准确的表现技法，很好地用绘画语言表达了服饰纹饰之美，而这种绘画形式一直延续到当代的人物画中（图1-1-1~图1-1-3）。

图1-1-1　唐　周昉《挥扇仕女图》局部　　图1-1-2　唐　孙位《高逸图》局部　　图1-1-3　五代　顾闳中《韩熙载夜宴图》局部

（二）材质之美

服饰的质感主要表现在服饰材料的特色上，在服饰设计和穿搭的时候，材料自身呈现的特点和材料相互间的对比与衬托是服饰质感美的表现所在。仔细研究经典的古代人物画可以看到画家对于服饰材料的关注度很高，画中常见的有花色织物、透明披衫、裘皮披肩、草编配饰、麻质的帽衫等（见图1-1-4～图1-1-6），每一件微观细品都能看出画家对于质感细节之美的用心表现。后来，由于现代织造技艺的发展，服饰材料越来越丰富，人物画中服饰质感的表现形式与特点越来越丰富。尤其在工笔绘画形式中，对于质感材料的表现达到很高的水平。

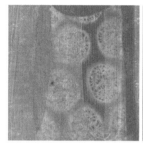

花色织物　　　　　　透明披衫

图1-1-4　唐　周昉《簪花仕女图》局部

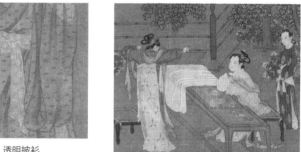

图1-1-5　南宋　刘松年《宫女图》局部

图1-1-6　五代　顾闳中《韩熙载夜宴图》局部

（三）样式之美

服饰样式是各个时代文化特征的一种具体表现，历史中不同朝代都有服饰礼仪规范，既有代表礼仪典范形制的服饰样式，也有各类流行的样式。古代人物画会依据绘画人物身份、地位、性格、地域等表现服饰的各类样式，如有通过服饰礼制表现帝王威仪的；有通过服饰款型搭配表现宫廷生活的；有通过服饰华美表现人物生活状态的；有通过服饰形制简洁飘逸表现人物归隐山林的隐士心境的；有通过服饰样式随意至简表现人物随性自然的特点等。时至今日，人物画依然借助服饰样式表现人物社会特点与时代特征。可见服饰样式的表现作为人物绘画的重要组成部分，是画面语言的一部分，在追求画面视觉的前提下，服饰样式的描绘成为人物画审美的一部分（图1-1-7）。

图1-1-7　明　仇英《汉宫春晓图》局部

二、中国人物画的服饰绘画技法审美

（一）线条之美

中国画是线条的艺术，讲究意象的表达，经过历代发展形成中国绘画独特的审美风格。人物画的表现更是以线条为灵魂，以线的提炼概括表现人与服装的特点，这种方式要求画家对线条有丰富深入的理解。古人对线条提出十八描的概念，有"高古游丝描、琴弦描、铁线描、混描、曹衣描、钉头鼠尾描、橛头钉描、蚂蝗描、柳叶描、橄榄描、枣核描、折芦描、竹叶描、战笔水纹描、减笔描、枯柴描、蚯蚓描、行云流水描"。每一种线条都具有自己的特色，用于表现不同的人物与服装特色。

例如，琴弦描适合表现垂感甚好的丝绢衣纹，唐代典范张萱的《捣练图》（图1-1-8）、周昉的《挥扇仕女图》（图1-1-9）和《调琴啜茗图》（图1-1-10）中的衣纹裙带的线条形如琴弦，行笔挺直；铁线描作品有阎立本的《历代帝王图》（图1-1-11），画中服饰顿起顿收，转折刚正，挺劲有力；钉头鼠尾描的佳作为武宗元的《朝元仙仗图》（图1-1-12），所画天王、力士、仙女皆具人物特色形态，衣纹线条具有装饰性，转折流动婉转；任伯年的《富春高隐图》（图1-1-13）也是用这种描法表现，笔法豪爽，且具有写意的风格特征。

图1-1-8 唐 张萱《捣练图》局部（宋徽宗 摹）

图1-1-9　唐　周昉《挥扇仕女图》局部

图1-1-10　唐　周昉《调琴啜茗图》局部（北宋佚名　仿）

图1-1-11　唐　阎立本《历代帝王图》局部

图1-1-12　北宋　武宗元《朝元仙仗图》局部

图1-1-13　清　任伯年《富春高隐图》

图 1-1-14 现代 叶浅予《舞蹈人物》

现代人生活和服装已与古代不同，不能生搬硬套十八描，需要有时代特色的创造。例如，叶浅予人物画线条（图 1-1-14）既具备古人的传统，又融入了个人的特色，他的画作线条干练，不追求极致细致的感受，只追求用线条表现形的生动与韵律。这种方式在服饰绘画教学中常被应用，如民族服饰类绘画、表演服饰类绘画等动感十足、特定效果人物等的画面较为合适。

由此可见，线条是古今中国人物画的重要审美因素，且一直影响到服饰绘画等很多艺术领域。

（二）色彩之美

中国人物画的重彩绘画、淡彩绘画、水墨绘画等方式皆以不同的色彩特色表现人物与服饰的关系。色彩既是人物画重要的画面语言，也是服饰设计的重要构成因素，因此色彩之美是人物画首先吸引观者的基本因素之一。色彩是画家首先会考虑的创作因素之一，其对画面的影响更加直观。古代人物画色彩古朴简约，如汉帛画，色彩多平涂少渲染，色调稳重雅致，由于颜料特点，色彩呈现以暖色基调为多。唐代以张萱、周昉为例的人物画服饰色彩呈现出丰富、饱满、纯粹的特点，其变化更讲究配色对比关系，色彩表现方式较之前更加丰富。到了明清时期，人物画色彩表现手法或文人画风体现为以水墨为主的黑白精练，或工笔辅色的精细丰富，呈现出多样化的色彩审美风格。当今，人物画色彩表达更是多姿多彩，表现色彩的技法也更加丰富，这既与颜料研发相关，也与时代发展中人们生活条件与生活方式不断改变有关。绘画中人物服饰色彩的表现越来越具有时代变化的审美情趣，甚至很多画家创作中服饰的色彩搭配遵循服饰流行的规律，可以说这也是以当代服饰设计视角为绘画依据的一种实践方式。因为绘画与设计的相互影响，当代人物画的色彩表达更具有时尚色彩规律和现代审美特征。

第二节　研学中国古代人物画对服饰绘画具有实践意义

人物画是指通过表现人与自然、人与人、人与动物、人与物品的关系等围绕人的各种情景事物来表达人物性格特征和社会特征的绘画。画面中围绕人物表现的服装饰物、体态动作、比例造型等成为诉说画面主人公身份和故事的重要特征。

服饰绘画是现代设计学科和绘画发展到一定阶段产生的新形式，也可以说是较新的概念。这个绘画种类经历了从最初的设计效果图到时装画、时尚插画、服饰绘画等发展过程。服饰绘画以表达服饰与人、时间、空间、物体关系为主要绘画内容。人物作为服饰表现的载体，是绘画中重要表现的内容，人物的形态样貌是画面服饰视角之一。因此，在服饰绘画中，存在人与服饰、人与环境、人与人等的画面关系，这和人物画的特点是一致的。

当代绘画与设计更多需要追寻具有中国文化特色的表现语境，以更好地传承发展中国优秀传统文化。古代人物画发展的悠久历史形成了具有中国审美的绘画风格，是形成具有中华文化审美特征的现代服饰绘画艺术的宝库，无论从形式还是技法上都可以提炼出现代服饰绘画需要的艺术形式。

服饰作为与人关系最密切的物品之一，经常成为艺术作品的描述重点，这在古代很多绘画、著作中可见。如《红楼梦》中人物的出场描述，对于着装的描写常常细微至可以使读者产生见字如见人的真切感受，甚至在创作《红楼梦》这类著作的相关绘画和影视作品时细致到一个裙边、一个细节图案都可以有所依据。人物与服饰是相互映衬的关系，在绘画中二者的关系更增加了艺术表现层面的关系，经过历代的绘画发展，服饰的表现方式和技法越来越丰富。

（一）形神表达

中国人物画采用以形写神的方式，在传统绘画中，画家不受客观模特的限制，绘画既有客观启示，也有主观的艺术处理。这种绘画方式对服饰绘画的表现尤为适合，无论是古代还是现今，服饰作为人物画的重要承载物，其在画面表现方面有两种方向。一是写实的表现，即将服饰元素中的图案、色彩、结构、织物特点等尽可能写实地表现出来；二是以意象的概括方式呈现出来，无论采用哪种方式，绘画都是出自画者对艺术表现手法的个人理解，与课堂人物写生中以客观人物为模特的绘画有所区别。

（二）形式技法

古代人物画的绘画形式和绘画技法对现代服饰绘画具有重要的学习价值。目前已知最早的人物画是战国的《人物龙凤图》（图1-2-1）和《人物御龙图》（图1-2-2）两幅帛画，画中已经可见古人对于人物和服装服饰描绘的装饰性审美的绘画特点。魏晋时期出现以顾恺之为代表的人物画大师，此后逐步形成绘画表现题材以人物为主的作品，唐代更是人物画发展的盛世。因此，借由人

图1-2-1　战国　帛画《人物龙凤图》

图1-2-2　战国　帛画《人物御龙图》

物画的发展悄然形成了对服饰刻画的重视。以中国画线条为例，古人讲究采用十八描技法表现不同人物，文官、武官、金刚、菩萨等分别采用不同的线条表现其特点。同样，在表现服饰的款式和质感特色时也会选用各具特色的线条。例如，唐代的《簪花仕女图》（图1-2-3）、《捣练图》等经典作品画面中服饰质感、图案、样式表现既具有艺术性的概括，又具有生活应用的实际意义。今天，我们在欣赏古代人物画作品时，其服装服饰的表现手法之精湛常常是我们赞叹不已的画面特色。从服装服饰专业的角度来看，古代人物画的服饰表现方法具有很强的服饰特征，这些特征体现在构图形式、人物造型、服饰刻画技法等方面，每一个特征都可以作为一种范式再现于现代服饰绘画。

图1-2-3　唐　周昉《簪花仕女图》局部

（三）绘画风格

无论在人物画的写意作品中还是写实作品中，我们都可以看到画家以不同技法、不同表现形式描绘出的关于人物的感受。在古代写意人物作品中常看到以简练几笔便将人的特征表现得很生动的作品，衣衫体态用笔不多且概括，使观者领略到在挥洒简练的用笔中服饰所表达的人物特征。古代写实类人物画为了更准确地表达人物特征，常将画中可见的与人物相关联的物品辅以写实手法表现，通过对服饰、器物、家具等的真实描绘来传达人物所在的时间、空间、情节背景等因素，我们常见的古代工笔人物作品就运用这种写实性的表现方式。

（四）绘画内容

古代人物画服装与服饰的描绘是欣赏研究画作的重要文化依据，是后世对绘画背景时期的社会制度、文化经济、制造工艺、技术技能和人物的身份、地位、生活等进行研究的图证。例如，通过人物着装可以研究当时关于服饰文化的发展情况，研究相关服饰面料制造技艺的技术水准、图纹样式的文化含义、款式特征的相关信息等。在众多唯美且精致的古代绘画作品中，《韩熙载夜宴图》（图1-2-4）便以多元化的表达方式尽可能真实地完整叙述关于主人公韩熙载的日常生活。画中的细节精致到几案上的壶、杯盏的样式图纹和颜色都可以辨认出来瓷器的品类。画中人物服饰的穿着制式和款式材质也同样采用真实而精致的绘画手法。这无疑为研究古代服饰提供了可视化依据，为服饰品类研究提供了可靠的资料。这些绘画作品中的文化内容展示出来的信息对现代服饰绘画中传统样式的多元风格形成深具研究价值，是宝贵的服饰图像资料。

可以看出，无论是写意还是写实风格的古代人物画，服装服饰都是画面表达的一部分，其多样化绘画风格是发展具有中国式审美服饰绘画的文化依据。因此，古代人物画无论从绘画技法还是表现风格、文化内容来看，对现代服饰绘画发展都具有不可忽视的现实意义。尤其在中式审美流行的今天，古代人物画对中国服饰绘画的形成与发展具有重要意义，对传统服饰文化研究与传承具有重要意义，是文脉相承的依据。

图1-2-4 五代 顾闳中《韩熙载夜宴图》局部

第三节　现代工笔人物画与服饰绘画的相互影响

在现代工笔人物画作品中，服饰呈现的美感是表现画面美感形式的重要因素之一。工笔人物刻画讲究表现细致，绘画者要在画面中呈现精微细巧的变化，特别是体现时尚生活、唯美故事等的作品常通过对服饰材料、工艺特色、质感肌理、图案形式的表现来表达人物性格和画面氛围。工笔人物画讲究人与服饰的和谐，对服饰质感、细节的处理惟妙惟肖、疏密有致，真实且具有装饰性，这是绘画者从现实生活中的提炼，而这种质感和细节提炼刻画的方式又是服饰绘画中非常重要的一种技巧形式。反之，服饰绘画同样注重人物与服饰的和谐，对服饰的款式、面料、肌理、图案、工艺等多种因素的表现讲究有详有略，虽然画面不要求什么都要表现，但重点的特色要精准突出地画出来。工笔人物画同样需要这种繁简适宜、服饰表现丰富的绘画语言。反之，服装与服饰丰富多彩的设计形式成为现代工笔人物画重要的画面表现内容之一，很多设计作品的审美形式与流行趋势的表现方法成为服饰绘画的创作灵感素材。现代工笔人物画与服饰绘画具有相互影响的特点，这种相互作用促使绘画形式和绘画语言更加多元化，更贴近时代发展的需求。

第四节　品析人物画服饰的表现技法

人物画中服饰表达是人物创作的一项重要内容，人物的着装和饰品可以直接参与到观者对人物的直观感受中。服饰的描绘可以准确地体现人物画创作的时代风貌、精神追求。

一、古代仕人高隐绘画作品中的服饰表现

古代仕人高隐人物画题材多表现人物在自然山石、茅屋田园间的清逸状态，人物以穿戴葛巾、裘皮、粗麻、蓑衣、竹编等服装服饰为主，这些具有自然原生态的材质因其质感纹理的特别之处成为绘画者

喜于表达之处，这类技法对于服饰绘画具有很好的学习价值。

（一）唐 陆曜（传）《六逸图》

《六逸图》古摹本作品七卷依次描绘汉、晋时高士马融坦卧吹箫、阮孚蜡屐及金貂换酒、边韶腹笥五经、陶潜葛巾滤酒、韩康布衣制药、毕卓盗酒酣醉的故事。人物刻画形貌很有特色，画中服装表现简练，但与人物关联的裘皮、竹席、图案垫毯、摆放瓶罐的绘画既具写实性，又具装饰性。画面巧妙地借助图案间的疏密关系表现黑白灰的层次，注重对不同材料质感进行刻画。如对裘皮材料（图1-4-1）的描绘辅以淡色，晕染薄薄的层次，使毯子有一定的厚重感，再在色墨表层松松地勾勒皮毛的线和点，使裘皮表现得简洁轻松，呈现有厚度的质感却不显压抑。这种绘画表现方式运用了对裘皮概括且装饰化的手法，画家并没有以单纯写真的方式追求一模一样，而是经过带有装饰语言的提炼和精简，使人感受到表现手法的透气、巧妙与轻松。画面中对竹席（图1-4-1）的表现细微而精湛，竹席由一根一根竹片穿接而成，竹片上有不规则的花斑点，画家以挺直的线条表达竹片的硬度，以水晕墨点表现竹片的花斑，竹席绘画排列有序但不生硬，斑点布局规整而晕染灵动。

学习重点：

可以看出这幅作品用笔精巧细致，表现质感去繁存简，讲究规范却不失灵动，图案质感具有装饰感。观感透气闲逸、巧妙朴实，对质感的处理精妙而轻松，这些特点给服饰绘画带来很多启迪，可以丰富服饰绘画的质感及表达语言，为现代服饰绘画拓展多元表现手法提供范本。

图1-4-1

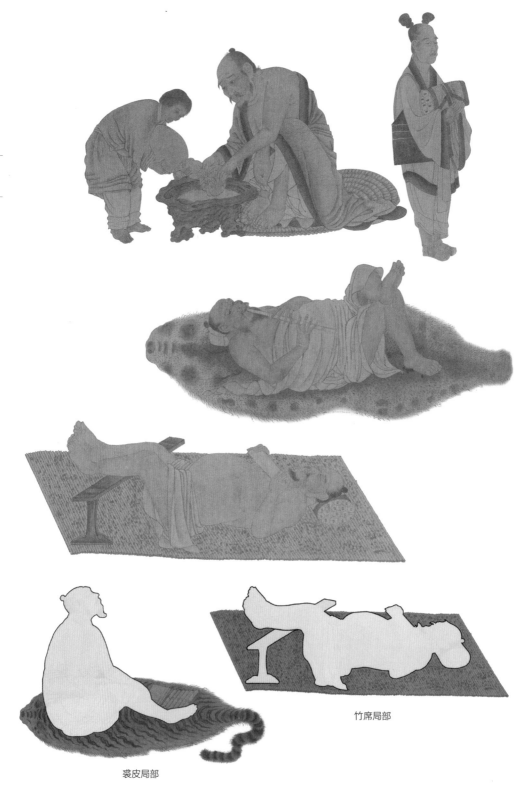

裘皮局部

竹席局部

图1-4-1 唐 陆曜（传）《六逸图》局部

摹画练习:

采用古人绘画中对质感的处理方法,以轻松简洁的用笔加以淡彩淡墨
的渲染表现服饰设计中的质感,练习时先摹画局部,再提炼并熟悉古
人笔法精髓尝试表现现代的服饰绘画(图1-4-2、图1-4-3)。

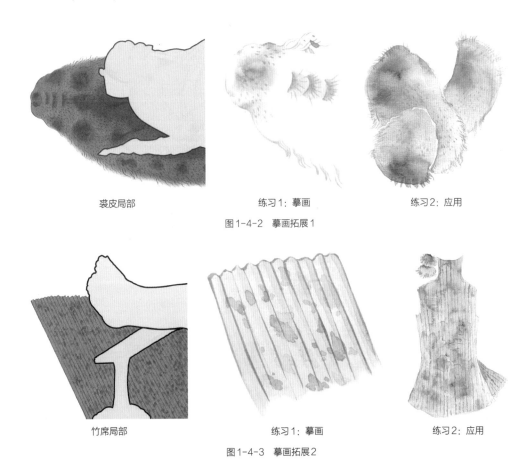

裘皮局部　　　　　　　练习1:摹画　　　　　　练习2:应用

图1-4-2　摹画拓展1

竹席局部　　　　　　　练习1:摹画　　　　　　练习2:应用

图1-4-3　摹画拓展2

(二)北宋　李公麟(传)《竹林七贤图》

"竹林七贤"指阮咸、刘伶、向秀、嵇康、山涛、王戎和阮籍
七位人物。作品以分段白描的形式表现人物豪迈不羁的风采,通过
人物神态、体态、服饰、配物等刻画人物精神性格。画面中人物自
然舒适地坐在织毯上,或半倚或随意扭身,形态舒适安逸。卷中人
物衣袍服饰以白描勾线,线条疏密有秩,富有节奏,可以说,多画
一根线条画面都会不平衡。人物服饰上的图纹精致,纹样构图排列
清晰。卷中铺在地上的毯子图案排布有序,画面善用疏密反差的方

式表现层次关系，巧妙地运用留白和图案将黑白灰关系处理得节奏分明，作品中的层次感、秩序感、装饰感将画面表现得既丰富又具装饰美感（图1-4-4）。

学习重点：

疏密有秩的图案节奏、黑白灰的层次关系、整体与局部的装饰感、服饰形态的概括与动势、精练的线条。

靠毯和花瓶描绘

服装图纹描绘

地毯描绘

图1-4-4　北宋　李公麟（传）《竹林七贤图》局部

摹画练习：

学习古人处理图案与线条间的绘画层次的方法，巧妙地使实与虚的关系、黑白灰关系转化为画面图案和线条的关系。服饰绘画中的主次关系经常是绘画中比较难处理的一个点，如何在画面中既能表现周全又能主次分明，是这段摹画的重点。

（三）清　石涛《人物故事图》

本幅作品（图1-4-5）构思奇特，取景独道，人物生动。以不同形态的墨线勾画人物，线条有力朴实，力求突出隐士们归隐山林的特点。相较画中的山水石树，人物用笔虽然不多，但是精巧灵活，非常吸引人们的视线。通过此幅作品中人物的表情可看出其正在对话（图1-4-6），侧身站立的人物着装用笔讲究裙带飘逸，廓型及服饰层次节奏清晰有力，可了解人物的身份。与之回话的担柴农夫衣衫用笔轻松，三五条简洁的廓型线，边缘是一圈皮毛的刻画，表现皮毛的笔墨看似不多，却把皮毛的硬度和劳作者衣衫的磨旧质感体现出来，人物面部神情淡定自若。画中二人因为用笔的截然不同使画面更具故事性。

学习重点：

此幅作品衣衫的勾线因人物身份的不同而有所变化，以线的变化这种最直接和概括的方式传达服饰信息，这一点对服饰绘画的学习很重要，学习时需多体悟用笔的灵活方法。

图1-4-5　清　石涛《人物故事图》

图1-4-6　清　石涛《人物故事图》局部

摹画练习：

尝试用不同线条感觉表现衣衫，体悟不同线的表现语言，提升服饰绘画的艺术性。

（四）清　费丹旭《郭文举故事图》

此作品描绘东晋郭文（字文举）怡然自乐的神态，表现其归隐的高洁之志（图1-4-7）。郭文举戴葛巾，着鹿裘，手持扶杖缓步于幽谷间。这幅画对人物服饰的描绘繁简适宜，鹿裘以淡墨勾勒，

用笔轻松，毛间疏密透气，将鹿裘的质感展现得淋漓尽致且不累赘。其中鹿的圆形斑纹随着皮毛轻松地勾线，用淡彩染出鹿的花纹形态，着色与线条结合更凸显裘皮厚而绒的质感。人物葛巾材料由于是麻质地，材料的质感具有一定支撑度，以具有弹力的线条勾勒面部上方支撑起来的葛巾外轮廓线，通过刻画葛巾外轮廓形成的弧度和线条弹性，使葛巾看起来具有一定的硬度；葛巾以淡墨着色，透出人物头发及耳朵以表现葛巾略透明的质感，弹性的轮廓线条和均匀的淡墨将葛巾与人物关系描绘得恰到好处。对于人物衣衫处理色淡而线简，以流畅的淡墨线条表现衣衫坠地的隐士飘逸的山林生活。

学习重点：

这幅作品服饰部分主要突出鹿裘和葛巾的表现方式及与人物的关系，通过表现裘皮轻松的质感，使画面具有透气感，从而使裘皮质感颇具真实性。葛巾处理以线表现硬挺质感，配合染色透明处理，使画面干净简洁轻松。

葛巾局部

鹿裘局部

图1-4-7　清　费丹旭《郭文举故事图》

摹画练习:

此段摹画以学习裘皮为主（图1-4-8），尝试采用轻松的勾勒裘皮毛的方式，淡彩晕染（图1-4-9）。很多学生作业中常见到勾勒得比较厚重且过于紧凑的皮毛线条，视觉上感觉比较累赘。《郭文举故事图》的裘皮带给我们一种轻松自然的质感，使画面更有亲和力，服饰更耐人寻味。

图1-4-8　鹿裘局部　　　　　　　　练习1　　　　　　　　练习2

图1-4-9　摹画应用

（五）清　任伯年《富春高隐图》

典出《后汉书·逸民列传》，人物头戴草笠，反穿裘氅，身材魁伟，抱钓竿立于草石间。笔墨细劲与粗犷兼备，高超绝妙，是清末任伯年盛年人物画精品。此图人物面部刻画寥寥几笔，服饰形态随体态变化生动。若仔细观察人体比例会发现比例具备服饰设计的审美，是真实人物如此，还是画者从审美角度略有调整，不得而知。人物服饰是裘氅，氅是以羽毛做成的披风一类服装，《红楼梦》中宝玉就有雀金裘，画中裘氅应由某种较为密实而有弹性的羽毛制作而成。这幅画的笔墨精巧轻松，是学习服饰绘画值得研习的精品（图1-4-10）。

学习重点:

画家巧妙地运用浓、淡笔的方式，时而枯笔，时而润笔，相互交错画出裘氅的质感与形态。裘氅袖子和后背穿插浓墨用笔，而边缘处理为淡墨，不但塑造出羽毛的质感，而且增添了明暗节奏关系。裘氅下半身用笔从卷曲变为顺直的形态，突出裘氅的制作遵循羽毛原生态的特点。这种针对不同细节运用不同笔法的方式对于表现服饰绘画很可贵，可以使一件服饰视觉效果丰富，具备细节变化，使画面绘画性提升，而且服装表现方式更丰富。画面还有一处点睛之笔便是草笠的画法，轻松却不失形准，几笔勾勒出草笠编织的特色，相比裘氅表现更加简练轻松。裘氅与草笠完美呈现出人物高隐的身份特点。

原作　　　　　　　　　　　人物　　　　　　　　　　裘氅

面部、斗笠、领部裘皮

图1-4-10　清　任伯年《富春高隐图》

摹画练习：

尝试学习用不同笔法表现不同羽毛质感，通过用笔轻重、深浅表现明暗关系。特别关注用笔的方式与质感特色尽量贴近，不同的质感以不同笔法表现。

二、古代仕女绘画作品中的服饰表现

（一）唐　张萱《捣练图》

这幅作品铺彩浓丽而色调搭配雅致、细致精巧（图1-4-11、图1-4-12），整组画中每位人物的服饰色彩各具风格，有白色系的搭配，也有红蓝浓彩系的搭配，各类色彩关系既分明又协调，耐人寻味。服饰图案的绘制更是精彩，层次分明的衣衫上有各色图案，随着人物服饰的层叠穿着呈现一层叠一层的效果，每层图案呈几何分布状。看似简单的图案在绘画过程中深浅过渡有法，疏密符合服饰样式，精细的色彩变化一样不少，可叹画家心思细腻、用笔精致、惟妙惟肖。

图1-4-11　唐　张萱《捣练图》

图1-4-12　唐　张萱《捣练图》局部

学习重点：

《捣练图》以重彩着色，所以视觉效果浓厚。服饰以同色系较深的颜色勾线，色线的感受不生硬、不跳跃，使服饰与勾线柔和地融为一体。此画虽然勾线精致，但由于重彩的画法，所以色彩跃然纸上，线为辅助。这种方法为现代服饰绘画开拓了更多可能性。画面图案精细，整体与局部的关系无论体现在层次方面还是纹样方面都处理得统一和谐。当代服饰设计中图案一直都是设计的关注点，如何处理好画面图案间的关系，如何使图案并存且巧妙和谐，是重要的研究内容，而这幅作品就是一个难得的学习样本。

摹画练习：

以摹画人物服饰处理方法为主，体会浓彩染色、同色系勾线、多层图案交错于画面的方式，领悟画面注重色彩和谐、图案关系和谐的方法（图1-4-13）。

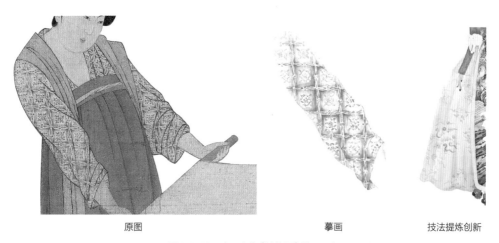

原图　　　　　　　　摹画　　　　　　技法提炼创新

图1-4-13　唐　张萱《捣练图》袖子局部

（二）唐　周昉《簪花仕女图》

周昉的绘画作品独具一格，其表现宫廷女性生活的仕女作品尤具代表性。作品表现人物神态生动自然，衣衫华美写实。周昉的人物作品至今仍被各类研究唐朝人文历史的学者高度重视。其人物绘画采用圆润顺畅的线条、精美的发髻与妆容、优美的体态、轻纱透明的质感、浓淡相宜的图案色彩，充分将服饰绘画的所有元素表达得淋漓尽致，以颇有意象感觉的写实手法唯美地展现出唐代宫廷生活风貌，从而体现出唐代手工艺发展的高超水平和服饰造型的流行趋势。这种绘画风格样貌已经成为经典的唐代样式并被用于今天的服饰设计领域。

《簪花仕女图》（图1-4-14）中的服饰多为轻纱薄绸和图案织锦的质地，这些面料各具质感，其中透明质感面料有半透明和完全透明之分，有的是刺绣图案，有的是织锦类图案。画面以不同染色勾描的处理将各种服饰语言表现得耐人寻味，其细节之处需要用放大镜来观摩。画面以传统人物比例大小来区分主仆身份，妃嫔着装精美华贵，纱衣垂地，薄纱挽臂。透明纱衣辅以淡彩双勾的画法，上层勾线与服饰本色同色，纱衣着色轻薄能透出底层人体结构或裙衫，或白色透明纱衣，或彩色透明纱衣，或有隐约可见的图案，表现得惟妙惟肖。服饰图案描绘细致，纹样构图工整，笔法自由随意。此外，人物面部妆容也是极其精微。此作品是工笔画法的精品，对于拓展精细质感的绘画技巧具有很大学习价值。

图1-4-14　唐　周昉《簪花仕女图》局部组图

学习重点：

作品以厚色画法为主，廓型线条以同色系深色勾勒，使廓型与服饰色彩更融合一体。衣衫中的图案处理在褶皱处略作形和色的变化，其他部分图案多平铺，对于比较显露的地方的图案会细微表现花型的特色美感。透明的服饰以单色勾勒衣衫边缘轮廓和褶皱，以薄色或无色为底，突出衣衫上图案花色，以此方法用最简洁的处理方式表现了透明的衣衫质感（图1-4-15）。

摹画练习：

衣衫勾线与透明服饰间的处理、图案在衣衫上的细节处理。

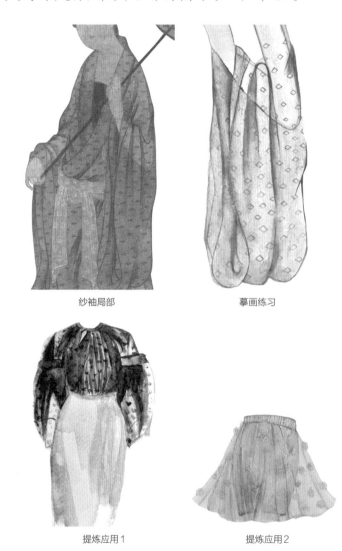

纱袖局部   摹画练习

提炼应用1   提炼应用2

图1-4-15 《簪花仕女图》摹画应用练习

三、现代人物画表现服饰技法作品解析

（一）叶浅予《舞蹈人物》

叶浅予《舞蹈人物》（图1-4-16）中的人物姿态与衣衫形态完全根据动作的特色而变化，线条极为简练概括，主要表现因动态产生的服饰线条，线条质感洒脱自如中见流畅。人物的神态、手势、脚的摆位更是生动灵活。很长一段时间以来，这种注重表现表演的某一时刻的人物姿态与着装的绘画风格影响了舞台美术服饰设计的审美。

图1-4-16　叶浅予《舞蹈人物》

（二）黄胄《新疆舞蹈》

黄胄《新疆舞蹈》（图1-4-17）中对舞者服饰的表现突出水墨趣味，画面随着舞者旋转的身姿跳跃着笔墨的韵律，潇洒有力略带枯笔的线条与水墨粗笔的着色，使人物服饰结构清晰但不死板。衣裙图案的处理上，浓淡随服饰结构的明暗变化而变化，浓彩为强调，淡彩为虚化之处，将中国画意象的笔墨形式用于表现服饰的形态与质感，从而产生特殊的韵律与意境。

图1-4-17 黄胄《新疆舞蹈》

（三）蒋采萍《芭蕾人物》

色粉画《芭蕾人物》（图1-4-18）整体感觉服饰干净轻盈，于人体结构之处用深色勾线，虽然是色粉画，但在视觉上具有工笔重彩画的美感。为了突出芭蕾舞裙，边缘处配以蓝灰色的暗影，使白色更加饱满轻盈。舞裙的裙摆褶皱适当根据凹凸明暗关系透出蓝灰的暗影颜色，呈现出裙摆透明的白纱质感。

图1-4-18 蒋采萍《芭蕾人物》

（四）刘秉江《人物》

刘秉江《人物》巧用马克笔笔头特有的宽笔头，在纸面上灵活流畅，借笔触特色以点线相互交接的方式过渡出明暗和色彩冷暖变化，创作出了新的笔意。对于服饰的特别处理，运用马克笔形成的块面笔触拼出服饰的图案，如裘皮帽子所用笔的方法是根据这种裘皮质感特色而形成的用笔技巧，塑造出了风格巧妙的画风（图1-4-19、图1-4-20）。

图1-4-19　刘秉江《人物》1

图1-4-20　刘秉江《人物》2

（五）潘缨《侗女织布》《烛光图》

潘缨《侗女织布》《烛光图》（图1-4-21）通过颜色和水之间的渗透、相融后自然形成的浓淡痕迹，表现侗族人物土布服饰的淳朴质感和藏族服袍的厚重雅致的质感，这是中国画的积水技法。这种技法因其形成的痕迹无一定性，所以会出现意想不到的效果，肌理质感丰富，但不易掌握，需要反复实践学习。

《侗女织布》　　　　　　　　　　　　　《烛光图》

图1-4-21　潘缨作品

第二章

材料表现技法

第一节　传统材料及技法特点

一、颜料类

（一）水彩颜料及使用特点

1. 颜料介绍

水彩即以水为媒介，调制效果透明或半透明的颜料。水彩颜料特点为轻快透明、变化丰富、水色渗润、材质灵活，具有"轻、薄、透"的画面效果。水彩的灵活性便于设计师在服装效果图中表达自己的想法。水彩使用方式便捷，可匹配的纸张多样。吸水性和表面质感粗细不同的纸张会呈现出不同的水色效果，纸张的特点会影响水彩颜料的特点（图2-1-1）。

图2-1-1　水彩颜料（固体）

2. 特点

（1）水彩色轻

水色质感轻且细腻，易于推笔渲染，易渗透，流动性好，画面效果和使用方式都表现得比较轻快。

（2）水彩色透

溶水性强，纯度高，通透性好，利于产生透明的效果。当色彩重叠时，下层的颜色会透出来，这构成了使用水彩绘制效果图的个性特征。水彩用笔多次叠加也不会失去其透明感，但也因为这一特性，色彩多次叠加而不易修改。

水彩颜料不易褪色和分解，稳定性佳。优秀的水彩矿物质颜料在色彩的鲜艳度和稳定性都要高于普通人工颜料。

（3）浓淡相宜

水彩技法重点在于对水分的把控，其深浅变化完全取决于水分的多少。水少则色深，水多则色浅，设计师在绘制水彩效果图时，可多利用水彩易渗透、流动性强的特点。

使用注意：

水彩的覆盖性较差，当色彩重叠时，下层的颜色会透到上层，画面就会显脏，如背景或其他大面积上错色彩时则无法修改。色彩重叠过多，会使画面发灰、色感"脏"。作画时由浅至深，学会适可而止，达到预设画面即停止过度渲染。

3. 分类

（1）固体水彩颜料

固体水彩颜料（图2-1-2）经过严格分层灌装工艺制作而成，可以长久地保存。固体水彩具有一定的再溶性，含有蜂蜜或甘油媒介剂，呈半干小方块状置于塑料容器中，用蘸了水的水彩画笔润湿即可得到浓郁的颜色。

图2-1-2　固体水彩颜料

（2）管装水彩颜料

管装水彩颜料（图2-1-3）更似奶油质地，由色粉、黏合剂组成。不同品牌的管装水彩色泽有一定的区别，有的色泽淡雅，有的则更加绚丽、浓郁，设计师可根据自身画风进行选择。

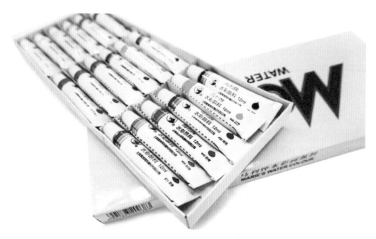

图2-1-3　管装水彩颜料

（3）液体水彩

液体水彩（图2-1-4）也可称为丙烯墨水，变干以后会在表面成膜，不再溶于水，且不易修改。液体水彩具有扩散性强、饱和度高的特点，特别适合湿画，做出渲染效果，容易形成强烈的视觉冲击。

图2-1-4　液体水彩

4. 水彩表现技法

（1）勾线表达

与马克笔、水粉颜料不同，水彩时装效果图的作画方式因受自身特性影响，在绘制时非必要尽量减少黑色勾线。由于水彩质感"轻、薄、透"，如需勾线可以首选用与服饰或着色部位同色系的颜料勾勒线条，来淡化生硬的框架线条，以免从视觉上造成线条与水彩的半透明性和渗透性的色彩效果冲突的感觉，从而破坏水彩质感的通透性（图2-1-5）。

图2-1-5 《鸿衣羽裳》局部 中央民族大学 刘纬桢

（2）透薄质感

设计师在表达薄透织物，如欧根纱、真丝、绡、蕾丝时，可通过水彩晕染表现面料镂空、轻盈飘逸感。作画时多注重纱料织物的重叠层次感，薄涂叠加色彩，控制笔的水"润"程度，根据质感需要调整水量。染色时一遍遍由浅至深、层层叠加刻画。如需加深可多一两层颜色，例如阴影部位的表达可同色多层晕染，从而有深浅的视觉效果（图2-1-6、图2-1-7）。

图2-1-6 水彩晕染效果

图2-1-7 水彩表达薄纱质感 中央民族大学 刘畅

（3）裘皮质感

水彩也可表现皮草及羽毛材质的面料，第一层整体覆色区分明暗，做出皮草厚度及体积感，最后刻画毛质肌理，以增强面料的空间感。在刻画毛质肌理时，可着重刻画亮面与暗面交界处的毛流感和面料边缘的毛的质感，顺着皮草或羽毛的走向刻画毛尖，通过不同粗细、长短的笔触来表现该材质（图2-1-8、图2-1-9）。

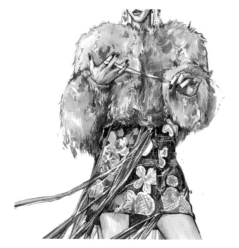

图2-1-8　水彩裘皮质感表现1
中央民族大学　辛喆

图2-1-9　水彩裘皮质感表现2
中央民族大学　辛喆

（4）特色质感

水彩除了使用干画法表现，也可使用干湿结合的渲染方法，更能体现服饰的节奏感。渲染法可用于表现服饰的特殊肌理效果，如扎染所形成的特殊花纹，具有一定的随机性；也可用于时装画的背景，使背景更加精彩、充实。水彩还可以和其他绘画材料结合使用，如与彩色铅笔、水粉颜料搭配混合使用（图2-1-10）。

图2-1-10　水彩特色质感表现　中央民族大学　辛喆

（二）水粉颜料及使用特点

1. 颜料介绍

水粉颜料由颜料粉、白粉及其他黏合剂（树胶、水、甘油、冰糖、小麦淀粉、胆汁、石灰酸等）按一定比例调配而成。因常用于广告、宣传等方面的绘制，又被称为广告颜料。水粉在时装绘画领域中极为常见，早在20世纪初就广泛地被服装设计师在绘制效果图时所使用。水粉和水彩均以水为媒介，水彩的透明度高于水粉。水粉有较强的覆盖能力、颜色饱和度高，适宜进行颜色间的调和，可产生更多色彩变化（图2-1-11）。

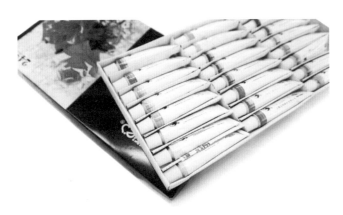

图2-1-11　水粉颜料

2. 特点

（1）覆盖力强

水粉覆盖力优越，颜料饱和度高，颜料质感的稠与稀容易控制，适合多种绘画风格。如果需要多层覆盖，每一层须等待底色干透后再上色。同为水性颜料，水粉比水彩的覆盖力更强，设计师在绘图时可以及时修改画面的不足之处。

（2）色彩饱满

由于水粉是由矿物颜料、化学或植物颜料调和溶水胶液而成的，色彩纯度较高，色域广，颜色饱满鲜艳，视觉明快，绘画使用工具简单，绘制方便。其既能进行写实描绘，也能进行装饰表现；既能平涂，也能渲染；既能表现出近似于油画的浑厚坚实效果，也能表现出近似水彩的明快、轻薄。

使用注意：

· 由于水粉颜料成分的特性，湿润时颜色饱和度较高，干后饱和度降低。水粉干湿差异较大，这种变化会给准确控制画面色彩关系以及颜色间的和谐衔接带来一定难度。

· 如果绘制时水分够多，水粉颜料也可营造出相似于水彩的清透效果。

· 由于颜料干湿呈现的深浅变化，绘画需要注意颜料调制的量，并掌握水粉的特性及规律。例如，在绘制面积较大的裙摆或背景时，可以多调配一些备用，以防后续调出的颜色存在一定的偏差。

3. 分类

（1）罐/盒装水粉颜料

罐装水粉须自行把每个颜色分装到调色盒中，盒装水粉（图2-1-12）直接置于盒中即可。水粉颜料是粗颗粒矿物色，易沉淀，表面多清色胶矾水，在绘制时装效果图时，无论是盒装还是罐装水粉，最好在作画之前对颜料进行脱胶。

使用注意：

脱胶的水粉颜料比不脱胶的水粉颜料胶水成分要少，易涂匀，经过脱胶的颜料绘画过程会更流畅、用笔更顺滑，颜色均匀，膏体细腻、无颗粒，速干后不会出现裂痕，可重复上色。水粉颜料脱胶可将颜料和水按照1：2的比例置于容器中，顺时针一直搅拌，静置一段时间颜料沉淀后胶水会和水融合，将上面的水倒掉，重复几次即可得到脱胶水粉。

（2）管装水粉颜料

管装水粉颜料（图2-1-13）含胶量小，无须脱胶，体积小，方便携带。

图2-1-12　盒装水粉颜料　　　　　　图2-1-13　管装水粉颜料

（3）丙烯水粉颜料

丙烯水粉颜料（图2-1-14）又称丙烯，不易干裂且速干、不易掉色，设计师在绘制效果图前同普通水粉颜料一样，须进行脱胶。颜色饱满、浓重、鲜润，无论怎么调和都不会"脏""灰"，且着色层干后不再可溶于水。

图2-1-14　丙烯水粉颜料

4. 水粉表现技法

（1）画面勾线

用水粉绘制时装效果图时设计师可根据想呈现的效果决定是否勾线，根据服饰样式决定勾线的颜色，起到突出主体的作用。如在表现暗深色服饰时，使用亮色或白色勾边，反而可成为跳脱画面的亮点。

（2）绸缎肌理

设计师在表达具有丝滑、光泽度强的面料质感时，如各种礼服、夏裙、丝绸等，可选用水粉这种色彩明亮、鲜艳的表现手法，注重表现高光、暗部、反光三者之间的关系，笔触切不可乱、散、碎，重点突出这一类服饰的光泽感和柔顺质感（图2-1-15）。

图2-1-15　水粉颜料绸缎肌理表现　中央民族大学　尹晨茜

（3）纹样刻画

水粉也可表达服饰面料上不同的纹样，如各式刺绣、条纹、斑点纹、改色豹纹等变化丰富的肌理。首先铅笔起稿绘制出图案的大致轮廓，使用水粉以色块的形式展现；其次着重表现面料的起伏变化，即区分亮暗面；最后结合彩铅刻画面料细节，如毛呢或刺绣面料本身的质感（图2-1-16、图2-1-17）。

图2-1-16　水粉颜料肌理表现
中央民族大学　郑博元

图2-1-17　水粉颜料蕾丝肌理表现
中央民族大学　尹晨茜

图2-1-18　水粉颜料厚重质感表现
中央民族大学　尹晨茜

图2-1-19　水粉颜料裘皮质感表现
中央民族大学　尹晨茜

（4）厚重质感

水粉同样适合表现毛呢、牛仔、毛线这一类厚重质感的面料，这一类面料组织结构清晰，绘画时一般晕染铺出受光面和背光面，下笔轻松、自然，注意大的体量和明暗关系，可在明暗交界处和受光面作细节刻画，凸显面料的体积感和花纹变化（图2-1-18）。

（5）裘皮质感

水粉在表现裘皮类面料质感时，和水彩表现技法类似，第一层整体覆色区分明暗，做出皮草厚度及体积感，最后刻画毛质肌理，增强面料的空间感。在刻画毛质肌理时，可着重刻画亮面与暗面交界处的毛流感和面料边缘的毛的质感，顺着裘皮的走向刻画毛尖，通过叠加型勾线和不同粗细、长短的笔触表现该材质（图2-1-19）。

（6）特色质感

除了以上写实画法，也可使用弹墨点法，即将笔杆横着，用食指敲击笔杆。这种画法还要注意对水量的控制，水多则点大，水少则点小，边缘处可用纸巾把颜色吸掉，使彩点呈深浅自然变化的状态，可通过有节奏的点彩表现特殊服饰肌理，如幻彩粗闪（图2-1-20）、细闪雪纺面料（图2-1-21）等。

图2-1-20　水粉颜料特色质感表现
中央民族大学　杨双

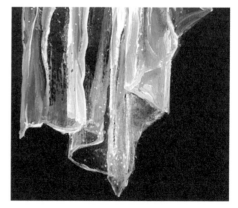

图2-1-21　水粉颜料特色质感表现
中央民族大学　尹晨茜

（三）中国画颜料及使用特点

1. 颜料介绍

中国画颜料即常说的国画颜料（图2-1-22）。中国画颜料分为石色（矿物质颜料）、水色（溶于水的颜料）和金属颜料三类。中国古代绘画使用石色颜料的历史颇为悠久，清代以前中国画颜料不过十几种颜色，部分颜料千百年来已被证明其色质不稳定，近数十年有被化学颜料取代的趋势。中国画颜料所绘画面色泽鲜艳、美丽，经久不易变色，干、湿变化随意而微妙，具有独特的艺术美感和表现力。中国画颜料在服装绘画中的表达上与水彩有一定的相似性，灵活性和艺术性是这类材料创作时所共有的。

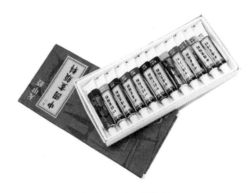

图2-1-22　国画颜料

2. 特点

（1）石色沉稳

天然矿物质颜料具有颜色饱和度高、色相相对稳定、覆盖能力强、不易变色的特点。其比较适用于工笔重彩、壁画的绘制，也常被设计师用于时装效果图中秋冬面料的表达，如皮衣、毛呢大衣、羽绒服、针织服装等质感。

（2）水色轻透

植物颜料质感轻透，透明度较高，易渗化，一般没有遮盖能力，故绘画时极少以色盖色，适合罩色、渲染效果，使原本淡薄的色彩厚重、变化丰富起来。

（3）浓淡相间、虚实结合

相对于马克笔、彩铅等材料，水墨的用笔更具随意性，与水彩的特征及表现技法相似，用墨色加进其他透明颜料可以调出无数种中间色，如墨色加赭石、加藤黄、加胭脂等，当笔触重叠相撞时，先下笔的墨色会反透上来。在绘画时注意水量的控制，不同湿度的笔触画出的效果不同，在用水墨绘制时装效果图时，需要提前想好画面的整体效果——画面明暗疏密关系的设定。

3. 分类

（1）石色

石色，即天然矿物颜料，是选取天然晶体矿石粉碎、研磨、漂洗、胶液悬浮、水飞、箩筛分目后形成的着色微细颗粒。作画时将颜料粉兑以胶液涂于画面，色彩鲜明、稳定性强且不变色，是优质颜料。常用的石色主要有朱砂、石青、石绿、雄黄、赭石、云母等（图2-1-23）。现在除了传统石色，还有人工烧制的高温结晶仿石色。

| 石青 | 云母 | 赭石 | 石绿 |

图2-1-23　石色颜料

矿物颜料绘画时根据情况需要使用胶进行调和，未经胶调制的石色容易脱落。石色调制的胶品种丰富，主要分为动物胶和植物胶两类，如鹿胶、牛胶、鱼胶、阿胶、桃胶、胶矾水等。

（2）水色

中国画颜料的传统水色品种很多，大部分以植物制成，也有动物质、石质、土质水色。植物颜料透明，可以互相调和，融水性好，适合渲染。常用的水色颜料有朱膘、胭脂、西洋红、藤黄、土黄等（图2-1-24）。

朱膘　　　　　　　　　藤黄

图2-1-24　水色颜料

（3）金属颜料

由金属或合金经过研磨、捶打等物理加工方式而制得的粉末状、薄片状材料，是具有金属光感的颜料，有金色、银色等（图2-1-25），色泽亮丽。由于其材质特性不会和别的颜料产生融合反应，适合在画面表层塑造一些绚丽的视觉效果，其华丽效果是其他颜料所不能替代的。金属颜料从唐代开始就有画家使用的记载，现存壁画中也能看到堆金沥粉的传统工艺，其在传统绘画材料技法体系中占据着重要的地位。

金粉　　　　　　　银粉　　　　　　　铜粉　　　　　　　铝粉

图2-1-25　金属颜料

（4）墨

中国绘画从元代以后偏以水墨为主，墨的变化成了画面的灵魂所在，散淡、清奇、高雅。墨分为块墨和墨汁两种，因制作原料不同，又分为松烟墨、油烟墨、漆烟墨三类（图2-1-26）。松烟墨用松枝烧烟加工制成，浓黑偏冷；油烟墨用桐油烧烟而成，色泽黑亮偏暖、鲜润柔和，能够很协调地与其他透明色调和成中间色；漆烟墨由大漆烧烟制成，黑色细润、有光泽。

松烟墨　　　　　　　油烟墨　　　　　　　漆烟墨

图2-1-26　墨

4. 中国画颜料表现技法

（1）真丝质感

设计师表达丝绸面料时，可通过中国画技法中的晕染法、罩色法赋予面料光亮、柔软的笔触感。同时，丝绸面料质感丝滑，在画面中有明显的高光和反光，通常采用适当的留白和叠色来形成。真丝面料和透薄质感的轻纱（图2-1-27）又不同，和薄纱细碎的褶皱比起来，丝绸的褶皱更为流畅、圆润、方向性强，十分考验设计师总结归纳的能力。

（2）针织质感

石色颜料明丽、色相明确、覆盖力强的特点亦适合表现针织柔软、纹路清晰的质感，表现时可先用淡彩渲染区分明暗，再用笔尖较细的兼毫笔刻画织物条纹和图案，以突出面料体积感，最后可结合彩铅勾勒织物的肌理细节，强化织物花纹的凹凸感（图2-1-28）。

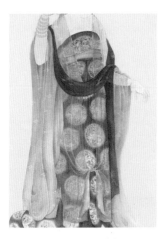

图2-1-27　中国画服装轻纱质感
表现　中央民族大学
《簪花仕女图》临摹　王悦萁

图2-1-28　中国画服装针织质感表现　中央民族大学　王悦萁

（3）牛仔质感

牛仔布表面一般都有较为清晰的斜向纹理，质感厚实，适合使用中国画中的重彩法区分层次，以表现牛仔的硬朗、挺括。绘制时可以将表现重点放在接缝线上，强调牛仔服装的特征，注重画面的丰富度，避免琐碎。

（4）水墨勾勒

水墨时装效果图有别于传统画法表现形式的服饰艺术，讲究水法、墨法、画面构成，具有现代感。整体画面由墨色的焦、浓、重、淡、清产生黑白灰层次变化，贯彻"少即是多"的绘画思想，不断做画面"减法"。简洁、率性是其最大的艺术风格，有独到的艺术性和随意性。

（5）特殊肌理

现代中国画常运用胶水或矾水与墨或石色搭配使用作画，设计师绘制时装效果图时也可利用这一特殊肌理丰富画面。例如，点状矾水干后就沾不上墨和颜色形成点状装饰，类似于扎染效果，随机而又自然；在绘制水墨效果的时装画时，用墨后加上矾水也会出现各种各样的肌理效果。

二、笔类

在时装效果图手绘工具中，笔的使用可大致分为两大类：一类是调和颜料时使用的笔，如中国书画用笔（以下简称毛笔）、水彩画用笔、水粉画用笔等；另一类则是自带颜料的笔，如针管笔、彩色铅笔、蜡笔等。

（一）天然、化纤毛制笔类

1. 中国书画用笔及使用技法特点

（1）简述

毛笔是中国古代用于书法和绘画的传统工具。毛笔对毛质和制作工艺的要求较高，一支好的毛笔要具备"笔头丰满圆润、笔尖平齐、笔尖聚拢尖锐、笔毛挺拔有弹性"四个条件。设计师在绘制时装画时，多将其用于水彩颜料、水粉颜料、中国画颜料的上色步骤。绘画时根据表现的材质、风格和纸张不同，可以选择不同粗细、软硬程度的笔型。毛笔对控制能力的要求较高，画线染色需要一定基础，经过充分练习后，用笔可见逐步熟练。

毛笔是表现力非常丰富的工具之一，毛笔的笔头大小、材质、使用时水分多少都会产生不同的浓淡、干湿变化，再加上纯熟的运笔技巧，可以产生千变万化的表现效果。设计师可以根据想要的风格、表现效果，选择合适的纸张和笔型。

（2）分类及特点

1）按材质区分

毛笔笔毛富于弹性，用兔、猪、羊、鼬、狼、鼠等动物毛较多。按照笔尖材质可以分为软毫、硬毫、兼毫。

①硬毫多适用于勾线，主要由硬性毛做成，其特性为弹性大，锐利劲健，下笔稳健，容易控制，适合刻画勾勒线条、毛发，干净利落，如对衣服廓型的强化处理（图2-1-29）。

②软毫适用于渲染，主要是由羊毛等软毛做成，能够蓄住颜色，下笔柔软圆润，适合大面积铺色晕染、着色和渲染，笔触丰满湿润，但不易掌握，如整片薄面料质感衣裙的渲染（图2-1-30）。

③兼毫用于勾、染均可，笔性处于硬毫和软毫中间，一般使用两种动物毛做成，常用狼毫或紫毫与羊毫配制而成；含水量比硬毫多，可刻画小面积晕染，如裘皮毛的勾勒（图2-1-31）。

图2-1-29　硬毫毛笔　　　　图2-1-30　软毫毛笔　　　　图2-1-31　兼毫毛笔

2）按笔锋长短区分

毛笔按照笔锋长短可分为长锋、中锋、短锋。

①长锋易画多变的线条。

②短锋落笔凝重、厚实。

③中锋兼有长、短锋之优势。

3）按使用功能区分

毛笔按照使用功能可分为底色笔、设色笔、勾线笔。时装绘画多使用勾线笔和设色笔两类，如勾线用衣纹笔和设色用白云笔（大、中、小号）。

①勾线笔一般选用狼毫、鼠须制成的毛笔，笔头细而尖，绘制出来的线条细而匀，多用于对细节的勾勒，在时装效果图中多勾勒褶、蕾丝花纹、细纹、五官等精细的位置。常用的勾线笔有叶筋

笔、小红毛笔等（图2-1-32）。

②设色笔多是羊毫和狼毫共同制成的毛笔，纯羊毫笔过于柔软，没有弹性，不太好掌握，所以一般在笔芯掺杂少量硬挺的狼毫。其既含有丰富水分，又有一定的弹性。常用的设色笔有大、中、小号白云笔及其他软毫笔。

③底色笔一般选用纯羊毫笔，笔锋柔软、蓄水多，多用于大面积铺色及渲染。常用的底色笔有寸半、二寸、五寸底色笔（图2-1-33）。

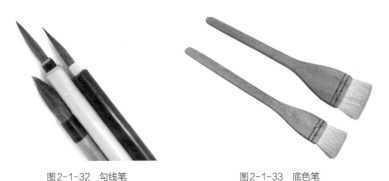

图2-1-32　勾线笔　　　　　　　　　图2-1-33　底色笔

2. 水彩用笔及使用技法特点

（1）简述

水彩笔是水彩绘画的用笔，在服饰绘画方面，其功能表现很受欢迎。使用及选择方式与中国书画笔有相同之处，只是在笔锋的特点水彩画笔没有书画笔讲究。水彩画笔讲究笔存水的饱和性，笔尖的弹性与质感追求较单一，使用上适合对水性画面质感的追求。

（2）特点及分类

1）按材质区分

水彩用笔按笔毛的材质可分为天然动物毛和人工尼龙毛。

①天然动物毛多采用松鼠毛、牛耳毛、红貂毛等。动物笔毛软、蓄水能力强，有一定的韧性，聚锋能力强，表现细腻，既可以大面积铺色渲染，也可以绘制细节。因此，其也成为大多数人的最佳选择（图2-1-34）。

②人工尼龙毛水彩笔是尼龙材质。尼龙毛所制成

图2-1-34　天然动物毛水彩笔

图2-1-35 人工尼龙毛水彩笔

图2-1-36 圆头笔

图2-1-37 勾线笔

图2-1-38 不同型号的水粉笔

的笔与动物毛所制成的笔的本质区别在于，尼龙没有毛鳞片，也就没有蓄水的能力，笔触毛躁且笔画干燥，颜色薄而清，不吸水，但价格便宜（图2-1-35）。

2）按形状区分

水彩用笔按形状可分为圆头笔、平头笔、勾线笔。

①圆头笔浸水后易膨胀、蓄水多，笔尖易聚拢、易控水，笔触灵活多变，适合初学者使用（图2-1-36）。

②平头笔有一定蓄水能力，弹性大，有一定控水能力，不易出现水痕、水渍，侧锋能画出线条，适合铺大背景和刷水。

③勾线笔笔尖细长，笔触尖细，蓄水较少，适合勾勒细长线条和刻画细节（图2-1-37）。

3. 水粉用笔及使用技法特点

（1）简述

水粉笔多为宽扁头型，笔头易于吸纳颜料和水。笔的大小规格丰富，毛质分为天然动物毛和人工尼龙毛，可选择种类比较丰富。

（2）特点及分类

1）按材质区分

水粉用笔按笔毛的材质可分为天然动物毛和人工尼龙毛。

①天然动物毛多采用狼毫、羊毫、猪鬃毛等。羊毫笔含水量较大，蘸色较多，适合大面积铺色，较软，不易刻画细节；狼毫笔含水量较少，弹性稍大，适合局部细节的刻画；猪鬃毛笔属于硬毛笔，弹性强，结实、耐磨，适合大笔触和肌理感较强的画面，价格相对便宜。

②人工尼龙毛笔由尼龙材料制成，弹性大，相比于动物毛笔质感偏硬，吸水性不如天然动物毛。在选用时尽可能选择毛软且有弹性的笔，切忌笔锋过硬。

2）按型号区分

水粉用笔的规格从1~12号，可根据纸张大小和画面服饰特点选用不同型号的笔（图2-1-38）。

4. 油画用笔及使用技法特点

（1）简述

油画笔是油画、丙烯画的专用笔类。一般笔杆为木制，较其他类别画笔笔杆更长，笔毛为猪鬃毛、貂毛，也有少数为牛毛和尼龙毛。相比其他类笔，油画笔的毛质感粗且硬。

（2）特点及分类

1）按材质区分

油画用笔按笔毛的材质可分为牛毛、貂毛、猪鬃毛等天然动物毛和人工尼龙毛。天然动物毛的质感粗且硬，使用具有弹性；尼龙毛笔头质感较动物毛适中，但价格有差距。

2）按形状区分

油画笔按笔头形状可分为圆头画笔、平头画笔、榛形画笔和扇形画笔。

3）按型号区分

油画用笔的规格按大小分别为1~12号。一般纯貂毛油画笔没有大号笔，扇形画笔没有小号的（图2-1-39）。

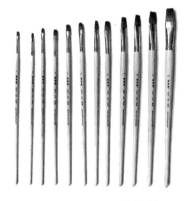

图2-1-39　不同型号的油画笔

（二）有色笔类

1. 彩色铅笔及使用技法特点

（1）简述

彩色铅笔，多指用彩色颜料而非石墨制成的绘画铅笔。一般分为12色、24色、36色、108色等类型的包装，另外还有金银两色、荧光色及其他不同硬度的单色铅笔。优质的彩色铅笔无论从包裹颜料的外层木制还是内芯颜料都是极其细腻的。好的木制层便于削笔，细腻的色芯绘画质感清晰干净。

彩色铅笔属于半透明性质的画材，颜色没有水彩艳，也没有水粉浓，彩色铅笔颜色清淡，笔触质感类似于黑色绘画铅笔，风格较其他线条效果帅气硬朗，可以勾勒廓型，适合速写式样的风格。彩色铅笔是绘制服饰绘画使用频率较多的工具，色彩种类多，用笔力度的轻重和用笔方式的变化是控制彩色铅笔色调变化的关键。通过排线和色彩的叠加可以较快画出明暗关系，也可以形成细腻且过渡柔和的视觉效果，与其他工具混合使用可以增加画面的表现性和色彩的丰富程度。

（2）特点

①方便易学。彩色铅笔方便简单、易掌握，绘画时较好控制，适合画者多元化需求，特别在设计草图、效果图、表现面料特色方面表现优越。也可适当保留利落线条，创造独特的画面风格。

②叠色。彩色铅笔比较容易层叠各种颜色，运用彩色铅笔排列出不同色彩的线条，适合表现渐变效果，其变化较为丰富，更显灵动。

使用注意：

· 彩色铅笔和铅笔的属性很相似，由于是硬质材料因此用力过度会在纸面留下笔痕且很难完全恢复纸面平整。

· 油性彩色铅笔在刻画眼睛、嘴巴、皮肤质感时，须注意多次上色易出现反光效果。

· 绘制效果图时需要设计师巧妙运用色彩搭配，如果想要突显某种颜色，需要做到周边的色彩与其形成强烈的反差且颜色本身高纯度。

· 通过水溶，过渡颜色可以充分发挥水溶性彩色铅笔清透特质，但在画面中加水的同时要注意，一定要等前一次水溶后的颜色干透后再加水调和，这样画面才会更加透明、柔和。

（3）分类

1）油性彩色铅笔

油性彩色铅笔（图2-1-40），是彩色铅笔的一种质地，属性偏蜡质，硬度适中且不溶于水，色彩饱和度和明度较水溶性彩色铅笔高，表现效果鲜艳且容易上色（图2-1-41），将笔尖削尖后能够绘制非常精细的局部，能表现出一种特殊的肌理效果，适合绘画人物、插画作品，搭配卡纸、素描纸即可。

图2-1-40　油性彩色铅笔　　　　图2-1-41　油性彩色铅笔上色效果

2）水溶性彩色铅笔

水溶性彩色铅笔（图2-1-42），是一种可以被水溶解的彩色铅笔，具有浸透感，也可使用手指直接揉擦出柔和的效果，能够同时具有铅笔的线条感和水彩的晕染效果。毛笔蘸水着色后可产生富于变化的渐变色彩，同时可混合颜色，效果类似水彩，又比水彩容易掌握。由于水的融合，水溶性彩色铅笔的风格在一定程度上和水彩近似——半透明、轻薄、流动性强，色调变化微妙且细腻（图2-1-43）。水溶性彩色铅笔既可以像油性彩色铅笔一样直接绘画又可以融水绘画。

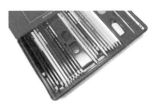

图2-1-42 水溶性彩色铅笔

图2-1-43 水溶性彩色铅笔融水效果

（4）彩色铅笔表现技法

1）针织质感

针织面料具备一定弹性，透气性强，其结构纹理明显、清晰，在表现时应注重面料图案和织纹的处理，用笔收放自如，技法上可使用水溶性彩色铅笔、油性彩色铅笔和油画棒一起综合表现。先用水溶性彩色铅笔平铺蘸水渲染区分其明暗关系，然后使用油画棒轻轻平铺增添毛织颗粒感，再以彩色铅笔勾勒出每一节针织物的位置，填充织纹以强调织物的体积感（图2-1-44、图2-1-45）。

图2-1-44 彩色铅笔针织质感表现1
中央民族大学 王一格

2）蕾丝丝绒印花质感

彩色铅笔工具绘制的时装画具有其独特的肌理感，首先使用彩色铅笔平铺服装底色，再将图案部分依次平铺上色，最后根据衣褶关系和光影进行暗部层叠上色，图案部分根据其固有色加深暗部，以凸显立体效果（图2-1-46）。

图2-1-45 彩色铅笔针织质感表现2
中央民族大学 王一格

3）薄纱质感

绘制薄纱时，彩色铅笔和水彩的使用方式相近，常用透出皮肤颜色的方式来营造半透明或透明效果。在已画皮肤的基础上适当运用彩铅可叠色的特点，注重表现纱质交叠层次感。浅色的薄纱，交叠层次越少，颜色越浅；深色的薄纱，交叠层次越多，颜色越深。

4）牛仔质感

牛仔最大的特点在于厚实，且表现都有较为清晰的斜向

图2-1-46 彩色铅笔蕾丝质感表现
中央民族大学 王一格

组织纹理，同时因牛仔最初是淘金工人穿着的服装，接缝处都存在明显加固的痕迹，在绘制时注意充分刻画接缝处的明线以及周围的细碎褶皱，来强调牛仔服饰的特征。设计师在绘画时，可以根据不同的需要将不同的部分作水溶性和直接绘画两种表现形式。例如，第一层明暗关系可以使用水溶性彩色铅笔平铺晕染，后续细节刻画则直接表现（图2-1-47）。

图2-1-47　彩色铅笔牛仔质感表现
中央民族大学　王一格

2. 铅笔及使用技法特点

（1）简述

铅笔，是一种用来书写及绘画的专用笔类。常用的铅笔型号有2H、HB、2B、3B、4B、5B等。

一般来说，铅笔多用于服饰绘画初始起稿阶段。为避免造成画面脏、灰，在起稿阶段最好下笔轻柔，擦除不必要的线条和污渍，建议使用较为硬质的HB铅笔或0.3mm的自动铅笔。

（2）特点及分类

1）木杆铅笔

2H至14B型号丰富，能绘制出各种笔触，多用于绘制草稿、线稿，画出的笔迹易擦除。

2）自动铅笔

自动铅笔铅芯分不同粗细，携带方便，更换便捷，且绘制出来的线条较木杆铅笔更精细顺滑。

3. 马克笔及使用技法特点

（1）简述

马克笔，是一种本身含有彩墨并用于绘画的彩色笔，与水彩、水粉等介质相比，马克笔属于硬质画材。一笔两头，一头粗、一头细，能够快速记录画者、设计师的创意想法，一直备受青睐。马克笔可用于各类绘画和设计行业的专业手绘。

马克笔性质偏透明水色，无论是何种类型的马克笔都会呈现透明或半透明的效果。

（2）特点

1）色彩饱满

马克笔色彩鲜艳饱满，颜色种类繁多，可以通过叠加调配出更多斑斓的色彩（图2-1-48）。

2）笔触硬朗

马克笔受到笔头特点的影响，画面呈现的笔触效果比较单一，需要画者构思巧妙，运用这种笔触达到画面笔触明快、简洁、清透的视觉效果（图2-1-49、图2-1-50）。

图2-1-48　马克笔绘画表现1　刘秉江　2020年作

图2-1-49　马克笔绘画表现2　刘秉江　2020年作

3）快速便捷

马克笔是一种快速便捷，可以直接反映设计师想法的表现手段。马克笔在使用时不必频繁调色，下笔须干净简洁，才会呈现到

图2-1-50 马克笔绘画
表现（时装照片手绘
表现）中央民族大学
赵路平

位的笔触和效果。马克笔笔头见方，使用时笔触为干净利落的方头片状，显得画面干净利落。

4）干净清透

马克笔不似水粉有极强的覆盖力，颜色干净清透，运笔时要注重先浅色后重色，色彩之间冷暖深浅搭配需和谐，避免画面变浊（图2-1-51）。

5）易挥发

马克笔易挥发、速干，不易修改，所以作画时要做到心中有腹稿，下笔果断有力，大气而潇洒。

（3）分类

1）按水溶剂可分为油性和水性

油性马克笔有酒精成分，易挥发，色牢度较好，色彩饱和度高；水性马克笔色彩柔和靓丽透明，色融性好，可以通过叠加来增强色彩。

油性马克笔（图2-1-52）具有快干快捷、不溶于水、覆盖力较强、耐光性强、可叠加的特点，有些墨水能够防水并绘制在任何光滑的纸面上，颜色在经过多次叠加后仍能保持鲜亮色泽，不会损伤纸张；水性马克笔（图2-1-53）则是颜色绮丽柔和，用水性马克笔略过画面再用毛笔蘸清水进行水溶，效果和水彩很相似。

图2-1-51 马克笔透明材质
表现（时装照片手绘表现）
中央民族大学 赵路平

图2-1-52 油性马克笔

图2-1-53 水性马克笔

2）按笔头可分为粗形硬扁头和细软头

软头笔触较为缓和，弹性多变，过渡自然，易混色，可以画出粗细变化的线条，也可根据笔尖的角度变化画出不同形态的线条。

硬质笔尖笔触较硬，虽没有软头灵活多变，但易于控制，用笔干脆利落，笔锋比较犀利，适合塑造比较硬朗的大廓型，不适合大面积过渡颜色。

市面上大部分品牌一只马克笔会配备两头笔尖，一头是粗形硬扁头，用以绘制廓型，转动笔尖角度可以画出不同粗细的线条；另一头是圆尖形笔尖，笔触均匀，搭配彩色针管笔勾线，效果更佳。

4. 色粉及使用技法特点

（1）简述

色粉笔，也称软色粉，是由适量的树脂和胶与颜料粉末制成的干粉笔。色粉（图2-1-54）是目前颜料中色彩相对较全的绘画工具，色相近千色。可以根据需要购买盒装或者单支。

色粉颜料纯度高、色彩饱和度高，质感典雅，表现更细腻生动，色粉可以直接在画纸上混色调出所需色彩（图2-1-55），使用时无须加水或任何溶剂作媒介。色粉形状多呈8~10cm长的圆柱状或棱柱状，以质地柔软者为佳。

近年来在我国绘画与设计领域，色粉的使用较为普遍。许多画者喜爱在彩铅或素描基础上使用少量色粉来增添艺术效果，它既能做出轻薄的质感，也能堆叠出厚实的效果。

图2-1-54　色粉笔

2-1-55　色粉上色效果

（2）特点

1）细腻柔和

优质的色粉质地一般较软，有很好的色彩附着力，便于刻画细节和层次，展现出材料的特性和所画物象的质感，是极富绘画感的材料。布或手指都可以作为调和色彩的工具，特别是用手指做出具体色调变化时，力的轻重可以自己把握，产生丰富而奇妙的肌理效果。用力较轻，底层颜色就不会糅合到表面；用力较重，颜色就会过渡自然丰富。在使用色粉绘制时装画时可以搭配棉签或面纸擦拭、刻画细节，面纸质地细腻，可以将色粉的粗颗粒擦拭均匀，而棉签比面纸刻画细节时更加方便。

2）效果多变

色粉既可以做出油画的厚重感，也可以做出水彩的灵动感。在绘画时可以使用叠色调色的技法，第一层颜色须使用定画液固定，否则在画第二层颜色时底层颜色粉末会混到表层。色粉的使用对纸的材质、颜色要求也很高，纸张的肌理决定画面的肌理呈现，甚至可以和画面色彩融为一体。由于色粉呈现粉状质感，非常重要的特性之一就是亮调子能覆盖暗背景，干而不透明，可以帮助画者自由塑造画面效果。

3）易脱色

色粉脱色性强，一般在效果图完成后须喷以适当量的定画液固色或用透明玻璃（纸）来保护画面。

5. 蜡笔及使用技法特点

（1）简述

蜡笔，又名油画棒，是一种油性彩色绘画工具，市面上油画棒的品牌很多，绘画效果也不完全相同，同一品牌有12色、18色、36色、48色、72色等规格，形状有六棱形、圆柱形、棱柱形等样式。绘画感受越软的油画棒说明含有的颜料品质越高，叠色效果和覆盖力越好。由于服饰风格特点丰富，在选用时建议选择色相组合丰富的油画棒套组。

蜡笔在纸面的附着力和覆盖力极强，具有较好的柔软性，颜料质感厚重，手感顺滑、铺展性好，叠色混色性能优异。不同用量的蜡笔可以带来从薄到厚、透明到不透明的多种效果。

蜡笔油性足、造型小巧、携带方便、涂色面积大，设计师在绘图时能快速表现服饰款型和色彩，与其他材料搭配使用，画面层次看上去丰富多变，并且蜡笔对于初学者来说比较容易掌握。

（2）特点

1）立体肌理

蜡笔与其他材料的明显区别是，蜡笔可做出立体肌理质感，当用量较大时能做出立体工艺效果。蜡笔具有极强的覆盖力，但同时它质地较厚实，画者可以借助这种肌理塑造出硬朗帅气的视觉效果，尤其在表现毛呢类质感服饰时会呈现特别的立体质感效果。蜡笔可以单独使用，也可以和其他绘画材料和工具混合使用，以塑造不同服饰的肌理效果。

2）水油分离

设计师在绘制时装画时，蜡笔能快速直观地表达服装整体造型和风格，但受其本身有颗粒质感的特性影响，不宜刻画较为细致的纹样。但巧用蜡笔可以创意出丰富的服饰肌理特点。例如，在创作服饰绘画作品时利用水油不融的特点，首先在纸上将服饰图案用蜡笔勾勒出来，再用中国画颜料或水彩这类水性颜料大面积上色，这时蜡笔所画的图案便会从水色中透出来，而且蜡笔颜料与水色交接处互不融合，形成了特有的明快、对比、斑驳的质感花色特点。

3）色醇艳丽

蜡笔色彩亮丽、爽滑细腻，易上色。画者根据所需要的效果选择浓厚的画法或者轻薄的涂色技巧。

4）叠色混色

叠色是指颜色之间互相交替，但色彩不会完全重合；混色是指颜色之间互相结合，色彩之间几乎重合，合成一个新的色相。蜡笔可以做出渐变混色效果，适合表现大面积色彩变化，可以直接在纸上混色叠色，也可以预混色，画之前在调色板上混好颜料再进行绘制。一般在时装类绘画作品中选用纸上混色、叠色的方法较多（图2-1-56）。

（3）分类

蜡笔一般按软硬程度分为硬蜡笔和软蜡笔，软蜡笔又称为重彩油画棒或油性粉彩。

1）硬蜡笔

质地较硬，着色适中，覆盖力较弱，无法叠色，混色色相不明确，易显脏，笔触较为粗糙，目前多用于儿童美术教育，不建议用于效果图的绘制（图2-1-57）。

2）软蜡笔

此类蜡笔（油画棒）（图2-1-58）最大的特质就是细软，易着色及调和颜色，色彩鲜艳且笔触滑顺，叠色混色变化丰富，覆盖力极强，携带便利，厚涂表现效果和油画效果类似（图2-1-59），设计师多带其出去写生，能够快速在纸上展现想法。适合搭配多种材料的表现，如木材、纸张、卡片、画布等。

6. 针管笔及使用技法特点

（1）简述

针管笔是一种专门用于绘制线条类风格作品的基本工具，笔头处有约2cm长的中空钢制圆管，里面有一根活动的细针管，可以画出精确且具有相同宽度的线条。所画线条的粗细由笔头的针管管径大小决定，针管笔的型号细到0.01mm，粗到1.2mm，在绘制服饰作品时至少应备有细、中、粗三支针管笔。

针管笔分两类：一类是注墨的可以反复使用，另一类是一次性的针管笔。针管笔多用来强调结构、轮廓或者描绘细

图2-1-56 蜡笔绘画表现 法国国际时装学院 Olivier Blanc

图2-1-57 硬蜡笔

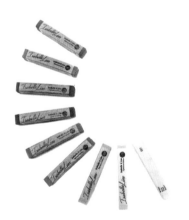

图2-1-58 软蜡笔

图2-1-59 软蜡笔上色效果

节，可借鉴中国画用线技巧和速写绘画技巧来表现面料质感、服装衣纹和褶皱。

（2）特点

1）快速准确

针管笔出水顺畅，线条简洁利落，粗细均匀、整齐，具有舒适的笔触感，绘者往往利用这一优势提炼或舍弃光影的复杂变化，能够快速准确地抓住服装的大致特点并描绘出来。勾线笔绘画类似于速写，能够训练、培养设计师的造型概括能力和细致观察能力，也更加考验设计师的天赋与悟性。

2）黑白灰对比强烈

针管笔绘制的线条画黑白灰对比强烈，画者常直接使用线条表现服饰的体积、质感和造型，常和马克笔共同使用，能够表达马克笔所不及的细节勾勒。就线条本身特性而言，细且疏的线条多表现受光面，宽且密的线条则表现背光面和投影，类似于速写关系的表达。

3）表现丰富

针管笔也能表达面料质感。轻而缓的细长线条多用于表达柔和、轻薄、垂坠感强的面料；用笔急促、刚毅规整的粗线则表达面料挺阔的张力，画者可以通过线条的排列方式、疏密关系、线条用笔形态感受织物的特点。

4）不宜涂改

针管笔绘画无法涂改，为了追求效果须胸有成竹、心有腹稿，一步到位，切忌反复涂改，一根线条能交代清楚的结构，切忌因下笔不够肯定而不得不多画几根线，导致画面杂乱无章，还会显得不够专业。如果画错了就将错就错，继续画下去，一点小小的错位有时也可以增加画面的趣味性，更显自然。

（3）分类

1）黑色针管笔

黑色针管笔（图2-1-60），笔尖较平，有0.01~1.2mm多规格可供选择，多用来描绘细节，绘制肌理效果，进行勾边处理等。线条可刚劲有力可柔滑顺畅（图2-1-61）。

图2-1-60 黑色针管笔

图2-1-61　针管笔款式图表现
（时装照片手绘表现）
中央民族大学　尹晨茜

2）彩色针管笔

彩色针管笔（图2-1-62）与普通针管笔类似，颜色较为绚丽，有0.01~1.2mm多规格可供选择，勾勒出粗细不同的线条，分为防水和不防水两款，不防水的勾线笔不建议触碰水渍，因其很容易导致纸张损伤，污染画面。

7. 秀丽笔及使用技法特点

（1）简述

秀丽笔（图2-1-63）是市面上的一种书写绘画用笔。秀丽笔使用方便易上手，虽然写出来的字体、线条很像毛笔，但它的结构与毛笔完全不同。其笔锋柔软有弹力，出水均匀，流畅自然，适用于简易的书法、签字、绘画等领域。

图2-1-62　彩色针管笔

图2-1-63　秀丽笔

（2）特点及分类

秀丽笔可分为三种型号，即大楷、中楷、小楷。笔头有硬头笔头和软头笔头两种，笔尖有一定弹性，出水流畅且均匀，不同的握笔姿势可以展现不同粗细变化的线条。根据画面需要和个人习惯绘制服饰作品时可搭配其他笔使用（图2-1-64）。

（三）其他特殊笔类

1. 钢笔及使用技法特点

（1）简述

钢笔是传统艺术领域很受欢迎的一种笔，好的钢笔笔头虽硬但具弹性，下笔流畅且线条帅气。最初用于记录、

图2-1-64　秀丽笔裘皮质感表
现　中央民族大学　尹晨茜

书写，后逐渐发展应用到绘画领域，用于速写表现和插图绘制等。它包括普通钢笔和美工钢笔两种类型，其笔尖粗细型号不同，可根据不同需求进行选择。

（2）特点

1）笔触丰富

钢笔有两种笔头，特别是斜头笔形可以正反使用，可绘制出丰富的笔触形态，用于表现服饰的不同风格特点（图2-1-65）。

2）行笔流畅

钢笔笔尖出水流畅，笔触平缓稳定，绘制的线条饱满有力，粗细变化均匀，能够很好地表现物体的形体特征（图2-1-66）。

3）不易褪色

钢笔有着不易褪色、不易修改的特性。使用方法简单，以线造型，黑白关系清晰（图2-1-67）。

图2-1-65　钢笔速写线条表现
刘秉江《和闻老农之一》1978年

图2-1-66　钢笔速写线条表现
刘秉江《阿依古丽》

图2-1-67　钢笔线条表现
法国国际时装学院　Denit
Barricault

（3）分类

1）普通钢笔

普通钢笔（图2-1-68）是直细笔尖的钢笔，金属笔头，使用起来圆滑、顺畅且有弹性。钢笔的笔尖由粗到细分成不同的型号，使用不同型号的钢笔可以表现线条的丰富变化。常见的钢笔有吸墨水钢笔、蘸水钢笔以及直接更换墨囊的钢笔。

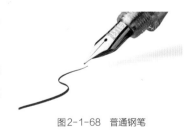

图2-1-68　普通钢笔

图2-1-69　美工笔

图2-1-70　高光笔

2）美工笔

美工笔（图2-1-69）是一种具有倾斜度笔头的钢笔，搭配墨水可以绘制出粗细不同的线条。具有线条变化丰富、高表现力、顺滑等特点，广泛运用于设计、绘画、书法等领域。将笔尖反转，绘出的线条较细；将笔尖卧倒，增大了笔尖与纸面的接触，画出的线条较粗。

2. 高光笔及使用技法特点

高光笔（图2-1-70）是一种不透明的白色勾线笔，有一定的覆盖性，流畅细腻，几乎能在任何表面绘图并遮盖住底色。搭配针管笔、马克笔或水彩、水粉绘画用于点缀高光，或者点缀服饰细节（图2-1-71、图2-1-72）。市面上常见的高光笔型号有0.5mm、0.8mm、1.0mm三种，可根据绘画需要进行选择。

图2-1-71　高光笔绘画表现1（时装照片手绘表现）中央民族大学　辛喆

图2-1-72　高光笔绘画表现2（时装照片手绘表现）中央民族大学　辛喆

三、纸类

（一）中国画用纸及使用技法特点

1. 简述

中国画用纸是由植物纤维加工制成的，主要有宣纸、皮纸和绢等。

我国大约从唐代开始生产宣纸，以安徽宣城制作的宣纸最为出名，性能优良，具有优异的润墨性，不易变色，表面光而不滑。宣纸的原料有楮树皮、麻、竹等，宣纸根据选料的不同可分为棉料、净皮、特净皮三类，依厚薄分为单宣、夹宣、层宣，按尺寸分为四尺宣、六尺宣、八尺宣、丈二宣、丈八宣等，品种繁多，数不胜数。在发挥中国画笔墨表现力方面首推宣纸，其纸质稳定耐久。

绢是在纸张出现之前的笔墨载体，绢本作品确有其独特的审美价值，但耐久性和稳定性上均不如宣纸，而且易变色。

皮纸是中国古代图书典籍的用纸之一，常用于书画。皮纸不同于宣纸，皮纸柔韧、薄而多孔、纤维细长、交错均匀。

宣纸和绢可以通过眼观、手摸和使用得知其质地。好的宣纸纹理清晰、色泽柔和、白里带黄，纸张的抗拉力强，摸起来顺滑棉柔，画起来墨色清亮、层次丰富。绢的好坏是根据丝的质地，即是否细密、均匀、紧致加以区分的，绢的边有白边、彩边、红边之分，彩边最好。

使用注意：

生宣干燥，可用透气性好的纸包裹保存，年代越久纸越棉柔；熟宣不建议存储，即买即用，忌潮湿和油烟，应避免阳光照射而使纸变脆，如保存不当会出现漏矾现象。

2. 分类及特点

（1）宣纸

宣纸（图2-1-73）是中国独特的手工艺品，主要产区为安徽。宣纸色泽雅致白净，光而不滑，纹理清晰。在宣纸上作画用色层次清晰，滋润有韵味，一般将宣纸分为生宣、熟宣和半生半熟宣纸三大类。

图2-1-73　宣纸

①生宣吸水性强，易产生笔墨变化，色彩渗化迅速，纸面遇水会自然洇开，适合表现"多变"的艺术效果。

②熟宣是在生宣的基础上刷矾水制成的，水色不易渗透，纸质较生宣硬，吸水能力弱，使用时色彩不会自然晕散开，用笔渲染可达到染色效果。比较适合绘制细致的工笔而非写意。

③半熟宣由生宣加工而成，吸水能力介于生宣与熟宣之间。半熟宣纸遇水慢慢晕开，既有色彩晕染变化，又不会过分渗透，可以表现丰富的笔墨情趣。

（2）皮纸

皮纸（图2-1-74）早在东汉就已被发明并于隋唐广泛使用。皮纸由韧皮纤维、格氏烤树皮和桑皮制成，性质介于生熟之间，易于水色晕染，容易控制，唯嫌轻薄，不够厚重。上品皮纸，白间浅灰，表面平滑，少见纤维束但有纸须，制作精细。

图2-1-74　皮纸

（3）绢

绢（图2-1-75）是一种织物，由纯丝织而成，可用于制作生活制品、工艺品和绘画，分为生绢和熟绢两类。用绢作画须先绷框，注意绷框时对齐绢的经纬线，再用排笔蘸温水刷一遍，会更易上色。用绢作画可双面着色，色彩滋润浓厚，这一效果也是画纸难以企及的。

①生绢是未加锤压、未经胶矾水加工的丝织物，手感棉柔，画出来效果类似于生宣，渗化迅速，不易着色。

②熟绢是生绢经过锤压和胶矾水处理后而得到，熟绢紧密，色彩不渗透，手感挺括，类似于熟宣。

图2-1-75　绢

（二）素描纸、水彩纸用纸及使用特点

1. 简述

素描纸（图2-1-76）一般用来作素描练习，指洁白、厚净、有纸纹的纸。纸质坚实平整、耐磨，纹理细腻、不毛不皱，但吸水性不好，不适宜使用带水的工具，多和色粉、油性彩色铅笔等工具配合使用。绘制时装画纸张使用

图2-1-76　素描纸

8K、4K、A3、2K等大小为宜。

水彩画用纸要求较高，纸要纤维细密、白净、吸水能力适中、显色性能好。质量差的纸水彩画出来颜色灰暗不透亮，会失去水彩画特有的质感。水彩画纸有重量上的区分，如120g、150g、200g、300g、400g等。克数高、厚重的纸吸水性好，大面积着水后不易起皱，但纸越厚，画面干了越灰。水彩最常用的纸的克数为300g，另外也有设计师使用油画纸或白卡纸画水彩寻求不同的肌理效果。

2. 分类及特点

（1）素描纸分类

素描纸品类间表面纹路虽有区别但大致类同。从加工材料上可分为木浆纸和棉浆纸，棉浆纸相对来说吸水性好些，耐磨，木浆纸有些类似卡片纸，表面粗糙不平，不太吸收颜料，干的速度快，适合搭配彩色铅笔、色粉、油画棒、勾线笔等工具使用。

（2）水彩纸分类

根据纹路可概括分为粗纹、细纹、中粗纹。

粗纹水彩纸纹路明显，一般在需要体现画面肌理、质感时使用，适合大幅画作，可以画出"飞白"效果，搭配水彩颜料、水粉颜料、水性马克笔、中国画颜料等工具使用均可。

细纹水彩纸运用相对较广，表面较粗纹光滑，有利于运用透明、半透明的方式作画，笔触平滑，适合搭配水溶彩色铅笔、中国画颜料、水彩来刻画人物、面料细节等。

中粗纹水彩纸肌理介于粗纹和细纹之间，表面有一些纹路，肉眼看不明显，有一定的颗粒感，使颜色易于粘附于纸面，"吸色"不严重，适用于搭配水彩颜料、中国画颜料、水粉颜料等。

（三）卡纸及其他用纸及使用特点

1. 简述

卡纸（图2-1-77）是一种坚挺厚实、表面平滑的纸，它介于纸与纸板之间，弹性较好，适用于马克

图2-1-77 卡纸

笔、色粉、彩色铅笔等多种工具的绘制，能很好地表现出时装画的效果。

绘制时装效果图一般会选用肌理不太明显，表面相对平滑的纸张。除了以上提到的纸类，有色纸、马克笔专用纸、铜版纸、牛皮纸等绘画用纸亦常出现在时装画的绘制中。

2. 分类及特点

（1）白卡纸

白卡纸表面光滑坚实，弹性好，纸张较厚实、细腻，常见的为180~200g，纸张比较适合深入刻画细节，不易起皱和起毛屑，画起来线条、色彩不晕染。

（2）有色卡纸

有色卡纸有多种不同的颜色，质感较厚实，适合搭配色粉、彩色铅笔、油画棒、水粉、水墨等工具使用，用来创作一些有艺术形式、构图、表现力的作品，另外还可以绘制一些特殊纹样等。

（3）牛皮纸

牛皮纸很有复古的味道，画出来的作品有艺术感，和有色卡纸类似，可以搭配色粉、彩色铅笔、油画棒等工具。

（4）马克笔专用纸

马克笔的渗透力强，使用普通的纸张时墨水会浸透纸张甚至污染下层纸张。马克笔专用纸质地较为紧密、厚实，能够和马克笔颜色完美融合，但价格较为昂贵。初学者建议使用厚度为180g的绘图纸练习，绘画效果与马克笔专用纸类似，价格相对实惠。

（5）铜版纸

铜版纸纸面有涂层，表面十分光滑，遇水不留色，易掉色，吸水性极差，纸张较厚实白亮，可用马克笔在其上表现时装，干净利落。

使用注意：

挑选牛皮纸和有色卡纸时，应挑选表面细腻的纸张，因为表面颗粒明显、粗糙的纸张很难进行细节刻画和上色。挑选纸张时主要从以下五方面看是否适合所选工具。

①纸张的厚度，即克数。

②表面粗糙程度，纸张越粗糙，肌理效果越强，但不易刻画细节。

③会不会晕染。

④会不会掉色。

⑤有无涂层。

第二节　电子绘画方式及技法特点

一、板绘

在服装效果图的创作中，很多设计师早已突破了传统的纸和笔，改用板绘的方式进行创作。板绘又称数码手绘，画者运用自身的笔法，借助"手绘板"等电子设备直接输入电脑，并可通过多种方式输出到纸面或永远以电子格式保留。其优点在于创作环境不局限于室内，可以在任意场景下进行创作，易于携带；创作表现形式丰富，操作便捷，可以快速表现想要表达的效果；储存方式灵活，可以随时调取；创作形式环保，不浪费纸张颜料等。也正是板绘的这些优点让越来越多人热爱板绘创作。

近十几年，板绘的硬件、软件越发成熟，已成为平面设计、服装设计、动画设计、工业设计等专业领域最通用的绘画方式，更是所有美术爱好者日常学习和创作的首选方式之一。由于板绘的便捷性和可修改性，许多创作者会使用板绘的方式为手绘创作、设计创作绘制效果图，既高效又减少了材料的浪费。板绘能够满足画者想要表现的任意风格，在各种绘画软件中，有丰富的画笔笔触，绚丽的色彩，多样的滤镜效果等既能让作品无限接近真实，也能够表现出全新的艺术风格。其无限可能性逐渐成为当下的流行趋势。

手绘是最基础、最直接、最常用的绘画方式，有着不可替代且无法比拟的质感和体验，板绘虽然给人们带了便捷、高效，但始终是模仿手绘的一种形式，所以如果画者没有一定的手绘功底，则很难把握好板绘的运用。

二、板绘工具

随着电子产品的迭代更新，板绘工具也在不断升级，越来越多的板绘工具在功能、外形上逐步满足人们设计绘画的需求，具有携带便利可以随时随地进行创作，修改便捷，储存自如等优势。板绘广泛应用于艺术设计、插画、原画等领域，备受绘画爱好者、专业设计师、美术相关专业师生等人群的喜爱。目前市面上常用的板绘工具大体分为三种，即数位板、数位屏、平板电脑。

（一）数位板

1. 数位板介绍

数位板，又称手绘板，通常由一块电子绘板和一支电子压感笔组成。数位板硬件上采用的是电磁式感应原理，在光标定位及移动过程中，通过电磁感应来完成画面。使用数位板需搭配电脑，不同于日常绘画时画面与手在同一平面，此种方法是在数位板上用压感笔描绘，将画面则投射于电脑屏幕上，这使很多新手在刚开始使用数位板时，需要多加练习以达到"眼手合一"，才能更好地运用数位板。

数位板分无线数位板和有线数位板两种，无线数位板摆脱了线的束缚，使桌面更为整洁，可以任意调整数位板的位置，使自己处于一种最舒服的绘画状态，无线也增加了便携性。有线数位板相对于无限数位板性能更稳定，通过数据线直接与电脑连接传输信号，抗干扰能力强，读取速度更快更稳定，延迟更小。在使用数位板绘画前，需要安装与数位板型号相对应的驱动，否则电脑将无法感应画者用笔的轻重，线条没有粗细之分，无法达到绘画的效果。

2. 数位板特点

（1）绘画专业性能高

配合电脑使用，传输速度快，稳定性更强，操作便捷，绘画手感贴近于用纸作画，作图效率高，在各大设计领域无疑是必备工具。

（2）自定义快捷功能

目前大多数数位板都带有快捷键功能，对于从事专业艺术设计、美工等相关行业绘画者来说，常需要切换软件工具和控制绘画界面，数位板的快捷功能可以自定义不同组合的快捷键，无须专门切换到键盘操作，十分便利。

（3）轻便易于携带

数位板相较于其他板绘工具最明显的区别在于尺寸。其体积相对来说比较轻薄适合携带，尺寸选择较多，常见的数位板尺寸有：160×100mm、224×148mm、311×216mm，可以根据自身绘画习惯等因素选择适合自己的板面大小。

（4）软件兼容性强

我们所熟知的Adobe系列、SAI等所有绘图软件及图片处理器，都可以直接配合数位板进行创作、导出与传输。

（5）耐用

数位板因没有显示屏，只有一个电磁感应板，不怕有碎屏的风险，正常使用7~10年是没有问题的。其电子压感笔的笔尖长期使用会有磨损，影响绘画手感，笔尖成本很低，可以随意更换，以保持绘画手感的流畅。

（6）价格亲民

市面上的数位板价格从几百元到几千元不等，可以满足各群体的需求。

3. 压感

数位板可以找回拿着笔在纸上画画的感觉，它可以模拟画家各种各样的画笔，例如最常见的毛笔，当我们用力的时候毛笔能画出很重很粗的线条，当我们用力很轻的时候，它可以画出很细很淡的线条。它还可以模拟喷枪，当你用笔用力一些的时候它能喷出更多的墨和更大的范围，而且能根据笔倾斜的角度，喷出扇形等的效果……这都是数位板压感所产生的不同的效果。

压力感应级别就是用笔轻重的感应灵敏度。假设一块数位板压感为1024级，那么从起笔压力7~500gf，在细微的电磁变化中可区分1024个级数，能从使用者微妙的力度变化中表现出粗细浓淡的笔触效果，在软件辅助下能够模拟逼真的绘画体验。

压感有四个等级，分别为512（入门级）、1024（进阶级）、2048（专家级）、8192（最高级），压感级别越高，就越能感应到手部力度的细微变化，画出的线条粗细变化越均匀，但同时也会占用更多的电脑系统内存，电脑配置不高的情况下会影响到绘画软件运行的流畅性。

（二）数位屏

1. 数位屏介绍

数位屏又称手绘屏、绘画屏，它是在数位板的基础上再做了优化，增加了可以即时显示的LED液晶屏幕，从结构上更像是画家的画板和画笔，只是它们不再是简单的木架子结构，而是精密的电子产品，习惯于手眼合一的作画方式以及刚从手绘转为板绘的画者，更适合数位屏的使用。

数位屏同样需要连接电脑使用，是电脑的第二台显示器，可与电脑分屏成复制模式或拓展模式，绘画者可以根据自身绘画习惯或喜好灵活运用，以提高绘画的效率。数位屏较数位板尺寸偏大且有一定重量，想要外出创作时需要额外带上笔记本电脑一同使用，相当于带了两台笔记本电脑，携带并不方便，价格相对数位板而言较高。主要应用于绘画、动漫设计、服装设计等众多专业设计领域，在室内工作室等场景下使用。

2. 数位屏特点

（1）直观性强

数位屏与数位板的区别在于，数位屏可以实现手眼一致的效果，绘图作画犹如行云流水于纸端，更容易操作，模式直观、高效，而数位板需要过渡、适应手眼分离的输入方式，但手眼分离再加上板面大小不同还会产生错位问题，使很多习惯在纸上作画的画者一时间无法适应。

（2）屏幕工艺技术增强提升创作体验感

为满足绘画者使用数位屏有更好的创作体验及创作效果，数位屏的屏幕不断推出全贴合技术、AG玻璃技术等技术革新，使数位屏降低光线反射，降低环境光干扰，提升亮度，提升画面可视角度，更有耐磨抗划等特点。

（三）平板电脑

1. IOS系统平板介绍

目前部分IOS系统平板结合智能触控笔的使用逐渐流行于艺术设计领域和绘画爱好者之间。IOS系统平板尺寸有9.7英寸、10.5英寸、11英寸和12.9英寸等不同规格，体积较小、轻薄，无须连接电脑使用，便于携带，可以称为移动的"数位屏"。其容量有128GB、256GB等，由于平板电脑相对于电脑容量较小，因此选择更大的内存容量可以确保更快的运行速度，还能存储质量更高、数量更多的图片。

如今很多设计院校和设计公司都在使用IOS系统平板进行创作，这逐步成为设计工作者和在校专业学生必备的一项技能。随着科技的进步，IOS系统平板无疑会成为一种重要的创作方式。

2. 安卓系统平板介绍

除了IOS系统平板之外，还可选择安卓系统平板。安卓系统平板的优势在于开放性、多样性和价格灵活性。用户可以根据个人预算和需求选择适合自己的平板，享受大屏幕和触控笔的视觉和手感体验。由于安卓系统的开放性，一些软硬件的兼容性可能会有所不同，可能会影响绘画的效果和体验。所以在选择安卓系统平板时，需要综合考虑各方面的因素，选择最适合自己的平板和软件。

3. 智能触控笔

智能触控笔外观简约，但其性能十分强大，拥有侧锋压感，可以完美还原素描斜握笔的姿势，根据压力度进行不同程度的绘制，借助蓝牙技术以及笔尖和触控技术感知位置、力度以及角度，实现最大限度的笔迹还原，绘画流畅。

4. 平板电脑特点

（1）携带便捷，设计效率高

平板体积轻薄，显示屏与绘板结合且无须额外连接电脑，类似

"一体机"的概念，便于携带，可以随时随地进行创作，这是数位板所不能达到的效果。一些设计师在对接客户时，常用平板以最快的速度把设计想法勾勒并渲染出来呈现给客户，提高设计师的工作效率。

（2）视觉细腻，色差小

相对于数位板和数位屏通过电脑和LED屏幕呈现，平板电脑屏幕的成像更加细腻，几乎没有色差。对于做效果图设计、绘画等专业领域色差是至关重要的，没有准确的色彩分辨就不能进行精准的绘画，所呈现的效果也会大打折扣。

绘画追求的是绘画技术的进步和提升，想要画出更好的画，更重要的是精进个人的手绘基础、色彩感觉，其次去熟练对于新技术、笔刷质感的灵活使用。一味地追求工具的提升对于绘画来说是本末倒置的，配置再好的硬件也只是绘画的辅助工具而已，并不能直接提升画者的绘画水平和作品质量。所以作为画者，应该结合合适的工具，加上坚持不懈的努力，才是正确的进步途径。

三、常用板绘软件

（一）Adobe Photoshop

1. Adobe Photoshop软件介绍

Adobe Photoshop，简称"PS"，是由Adobe Systems开发和发行的图像处理软件。PS主要处理以像素构成的数字图像，使用其众多的编辑与绘图工具，可以有效地进行图片编辑和绘画设计工作。PS有很多专业性功能，并广泛应用于平面设计、服装设计、视觉创意、界面设计、广告摄影、影像创意等领域。

2. Adobe Photoshop特点

PS是一款位图软件，由众多的单个像素点组成，这些点可以进行不同的排列和染色以构成图样。当放大位图时，可以看见构成整个图像的无数单个方块，所以位图软件的一大特性在于图像放大缩小会失真。

PS是公认的最强大的图片编辑软件，有专业的变形工具、丰富的画笔笔刷，色彩调节功能、图层模式、多种多样的滤镜效果等工具，可满足各种创作效果的表达。

3. Adobe Photoshop绘制服装效果图过程

①新建文档，设置基本信息（图2-2-1）。

点击"文件"—"新建"—在"预设详细信息"中设置画面的尺寸，画布的方向、分辨率（要求高画质一般设置300dpi.），颜色模式可以依照实际选择位图、灰度、RGB颜色、CMYK颜色、LAB颜色，背景内容根据设计需要可自定义相应的颜色，一般选择白色。最后点击"创建"即可。

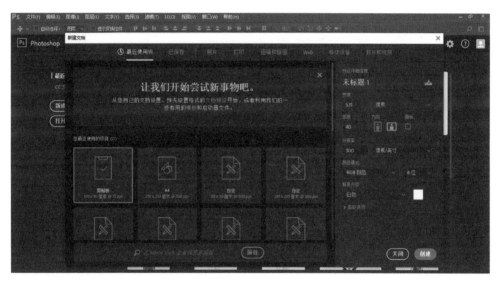

图2-2-1 新建文档

②画出线稿（图2-2-2）。

一般画线稿有两种方法，以描摹的方式画出，或直接在绘画软件画布中画出。

方法一：手绘纸质草图或线稿，以图片形式扫描到电脑中，拖入绘画软件图层中，降低该图层透明度是线条颜色变淡，新建一个图层至于该图层上方，用画笔工具或钢笔工具进行描摹。

方法二：对于手绘基础好的画者，也可直接在图层中画出线稿。

③将人物与服饰的主要色彩取向确定，并用笔刷绘制出来（图2-2-3）。

④将人物与服饰材质细节加以刻画处理（图2-2-4）。

⑤强调光影关系等细节刻画，根据整体画面的表达及风格做适当调整（图2-2-5）。

图2-2-2　绘画过程1　　图2-2-3　绘画过程2　　图2-2-4　绘画过程3　　图2-2-5　绘画过程4

（二）Adobe Illustrator

1. Adobe Illustrator软件介绍

Adobe Illustrator，常被称为"AI"，是一款工业标准矢量插画的软件。作为一款非常专业的矢量图形处理工具，该软件主要应用于印刷出版、海报书籍排版、专业插画、多媒体图像处理和互联网页面的制作等，也可以为线稿提供较高的精度和控制，适合生产任何小型设计到大型复杂项目。

2. Adobe Illustrator特点

AI作为矢量图软件，可提供丰富的像素描绘功能，以及顺畅灵活的矢量图编辑功能，能够快速创建、设计矢量内容。与PS相比，其图像在无限放大缩小后不会失真模糊。它还集成文字处理、上色等功能，不仅在插图制作方面广泛使用，在印刷制品设计制作方面也广泛使用。

AI软件最大的特征在于钢笔工具的使用，钢笔工具是AI软件中最常用且较为重要的工具，钢笔的熟练度在很大程度上影响着该软件的使用。通过"钢笔工具"设定"锚点"和"方向线"，实现图形呈现，与PS软件中钢笔的使用方式大有不同，所以刚开始使用的时候颇为困难，需要多加练习，一旦掌握以后能够随心所欲地绘制出各种线条，有助于矢量图形的绘制。

（三）CorelDRAW

CorelDRAW一般简称CDR，是一个矢量绘图排版软件，适合绘制各种平面设计、结构设计，以及工整的服装效果图、款式图甚至服装裁片。

CDR具有非常高的准确性和精度，有着非常灵敏的钢笔工具以及方便操作的自动对齐功能，操作方便自由，并且文件格式兼容性有几十种，因此和AI一样，在平面图像的制作领域有着非常高的地位。

（四）Procreate

1. Procreate软件介绍

Procreate是一款强大的绘画应用软件，让画者随时把握灵感，通过简单的操作系统、专业的辅助功能，进行素描、填色、设计等艺术创作。Procreate也是目前最受全球数字绘画爱好者偏爱，使用最为广泛的数字绘画软件之一，被广泛用于插画、艺术设计、游戏设计等领域。

2. Procreate特点

Procreate界面设计简洁直观，充分运用了iPad的特点和优势，操作简便灵活，易于上手。与其他绘图软件相比，Procreate界面将传统的工具栏、菜单栏、状态栏等周边功能栏缩略，为画者保留了最大化的绘画区域，画者可以在绘画时灵活使用触摸屏进行手势操作，提高绘画效率。Procreate还具备动画协助、3D辅助、缩时视频回放（图2-2-6）等功能，对于画者来说，是非常方便好操作的功能。

图2-2-6　缩时视频回放

Procreate的手势操作丰富便捷，撤回、提取颜色、翻转画布、复制粘贴等都可以通过不同手势来完成，实现了相对于板绘和数位屏快捷键操作的优化。

Procreate功能强大，视图、图层等功能完全能够满足艺术创作的需要，特别是丰富的笔刷功能，可以根据画者的喜好和要求随意调整各种数值，甚至可以将两种笔刷的特性合二为一，快速组合出新的笔刷。笔触细腻，更贴近真实笔刷的效果，为画者提供了灵活自由的创作空间。

3. Procreate绘制服装效果图过程

①简单画出模特动态以及脸部（图2-2-7）。

②降低人体图层透明度，新建图层，在模特身上绘制出服装的款式（图2-2-8）。

图2-2-7　绘画模特动态　　　　图2-2-8　绘制服装款式

③恢复底层模特图层透明度，擦除多余遮挡部分。新建图层进行铺色，并借用笔刷透明质感，叠加层次、加深暗部，或吸取低明度的颜色作为阴影，画出基本的明暗关系（图2-2-9）。

④刻画模特造型配饰以及服装细节，将提前设计好的图案以及选好的面料肌理叠放到服装上，并调整至合适的图层模式。再根据需求，进一步调整细节，完成简单效果图的绘制（图2-2-10）。

图2-2-9　铺色　　　　　图2-2-10　调整细节　中央民族
　　　　　　　　　　　　　大学　尹晨茜《云上》其一

不同表现风格（图2-2-11）。

图2-2-11　板绘表现风格　中央民族大学
尹晨茜 *Silvery* 其一

（五）SAI

1. SAI软件介绍

SAI是绘图软件 Easy Paint Tool SAI 的简称。在各类板绘软件中，SAI是一款入门级绘画软件，占用空间小，对电脑的配置要求较低，办公用的电脑就可以带动该软件运行，仅支持Windows系统。与其他同类软件不同的是，SAI极具人性化，能够与数位板极好地相互兼容，简便的操作、丰富的绘画工具，给众多数字插画家及CG爱好者提供了一个轻松创作的平台。

2. SAI特点

SAI相对其他软件而言更简单，功能并不复杂，易上手（图2-2-12）。其对画功的要求相对朴素，以细致的笔触见长，用SAI进行板绘更加直白，能够提升画者的手绘能力。多用于线条比较明晰的插画。

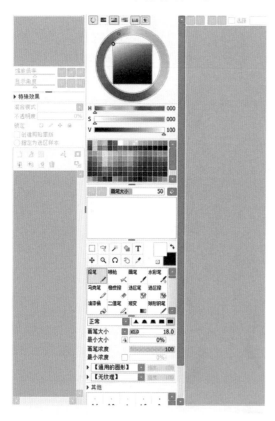

图2-2-12　SAI功能菜单

其手抖修正功能也十分强大，抖动处理与笔压舒适度对线条的处理更加细腻，所以SAI表现的线条感极佳。

SAI的矢量化钢笔图层，能够画出流畅的曲线，并像PS的钢笔那样可以任意调整，操作便捷。

SAI提供了旋转画布的功能，使用快捷键可以任意角度旋转画布，便于绘画和细节的处理，就像在纸上作画一样方便。

（六）Clip Studio Paint

Clip Studio Paint 一般简称CSP，是一款全平台支持的软件，在ipad上使用时相比Procreate，更有一种在使用数位屏的感觉。CSP的图层和精度细节，以及笔刷设置都比Procreate要更加专业，在绘图的过程中可以看到笔尖标点。

CSP自带的笔刷比PS实用性更高，是一款专门用来绘图的软件，具体功能基本结合了PS和SAI的优点，还支持3D模型参考绘图，非常方便画者进行人体绘画（图2-2-13）。

（七）Art Set

内置各种笔触感超强的基础笔刷（图2-2-14），可以模拟各种颜料的质感，如油画颜料的堆积感、水彩的晕染效果、蜡笔的颗粒感等。单图层绘制，可以选择不同质感的画布，最大程度地模拟了手绘的过程。相比其他软件，能更快速方便地绘制出有自然肌理感的画面。在服装效果图绘制中，可以结合其他软件，再利用Art Set塑造一些特殊的面料质感。

 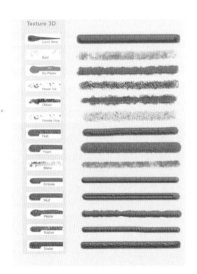

图2-2-13　CSP功能菜单　　　　图2-2-14　Art Set笔刷

四、板绘存储格式

板绘的永久留存性是板绘的一大特点，不同的绘图软件其存储格式略有不同，且每一种存储格式都有不同的特性，创作者可以根据板绘作品的用途、存储的空间大小、输出要求等进行不同格式的存储。存储格式主要可分为两大类，常规图片存储格式和可再次编辑的存储格式，前者作为板绘作品的最终完成版本，以图片形式进行保存，但不可再次修改编辑，主要用于以电子形式对外展现作品内容或通过印刷等形式进行输出；后者存储的是保留创作者在创作过程中所有的绘制图层、笔迹等内容，可以长期进行修改编辑。

（一）常规图片存储格式

1. JPEG格式

JPEG是由联合图像专家组开发的文件格式。JPEG和JPG同样是一种采用有损压缩方式的文件格式，当压缩品质数值设置得较大时，会损失掉图像部分细节。JPEG格式支持的模式有RGB、CMYK和灰度模式，但不支持Alpha通道。

2. BMP格式

BMP是一种用于Windows操作系统的图像格式，主要用于保存文图文件。该格式可以处理24位颜色的通道，并支持RGB、位图、灰度和索引模式，但不支持Alpha通道。

3. GIF格式

动图GIF是基于在网络上传输图像而创建的文件格式，它支持透明背景的动画，被广泛地应用于网络文档中。GIF格式采用LZW无损压缩方式，压缩效果较好。

4. EPS格式

EPS是为了从PostScript打印机上输出图像而开发的文件格式，绝大部分图形、图表和页面排版程序均支持该格式。EPS格式可以同时包含矢量图形与位图图像。它支持RGB、CMYK、位图、双色调、灰度、索引和Lab模式，但不支持Alpha通道。

5. PCX格式

PCX格式采用RLE无损压缩方式，支持24位、256色的图像，适合保存索引和线画稿模式的图像。该格式支持RGB、索引、灰度和位图模式等。

6. PDF格式

PDF格式是一种通用的文件格式，支持矢量数据和位图数据，具有电子文档搜索和导航功能，是Adobe Illustrator和Adobe

Acrobat 的主要格式。PDF 格式支持 RGB、CMYK、索引、灰度、位图和 Lab 模式，但不支持 Alpha 通道。

7. Raw 格式

Photoshop Raw（.raw）是一种灵活的文件格式，被用在应用程序与计算机平台之间传递图像。该格式支持具有 Alpha 通道的 CMYK、RGB 和灰度模式，以及无 Alpha 通道的多通道、Lab、索引和双色调模式。

8. Pixar 格式

Pixar 是专服务于高端图形应用程序的格式，如用于渲染三维图像和动画的应用程序设计。支持具有单个 Alpha 通道的 RGB 和灰度图像。

9. Scitex 格式

用于 Scitex 计算机上的高端图像处理。该格式支持 CMYK、RGB 和灰度图像，但不支持 Alpha 通道。

10. TIFF 格式

TIFF 是一种通用的文件格式，所有的绘画、图像编辑和排版程序都支持该格式。而且几乎所有的桌面扫描仪都可以产生 TIFF 图像。该格式支持具有 Alpha 通道的 CMYK、RGB、Lab、索引颜色和灰度图像，以及没有 Alpha 通道的位图模式。Photoshop 可以在 TIFF 文件中储存图层，但如果在另一个应用程序中打开该文件，则只有合并图像是可见的。

11. PNG 格式

PNG 是一种采用无损压缩算法的位图格式，其设计目的是试图替代 GIF 和 TIFF 文件格式，同时增加一些 GIF 文件格式所不具备的特性。一般应用于 JAVA 程序、网页或 S60 程序中，原因是其压缩比高，生成文件体积小。

（二）可再次编辑的存储格式

1. PSD格式

PSD格式是Photoshop默认的文件格式，它可以保留文档中的所有图层、蒙版、通道、路径，以及未栅格化的文字、图层样式等。通常情况下，我们都是将文件保存为PSD格式，方便以后可以随时修改。目前SAI、Procreate等其他绘图软件也有了PSD文件保存格式，可以更好的在电脑上用Photoshop进行后期图像的精准处理。

2. PSB格式

PSB格式是Photoshop的大型文档格式，可支持高达到300万像素的超大图像文件。它支持Photoshop所有的功能，可以保证图像中的通道、图层样式和滤镜效果不变，但只能在Photoshop中打开。如果要创建一个2GB以上的PSD文件，可以使用该格式。

3. Sai格式

Sai格式是用SAI软件保存的图形图像。类似于Adobe Photoshop的PSD格式，SAI支持多个图层（包括基于矢量的），且保留透明度和选择。但除了SAI之外，这种专有格式的图像文件不能被其他任何软件打开。作为使用其自身格式的一种选择，SAI允许打开和保存几种常见的位图格式，如JPEG、PNG等，有效地充当了转换器。

4. Procreate格式

Procreate格式是Procreate软件自身的源生格式，可保持图层等多种信息的完整，但除Procreate软件之外，这种格式的文件不能被其他软件打开。

五、多种板绘效果表现鉴赏

板绘作为服饰设计中重要的绘图工具之一，有绘画效率高、表现力丰富、存储能力强、可随意修改、功能强大、几乎能满足设计师一切需求的特点，能够较为全面地表达设计师的创意。板绘赋予服饰效果图多样的表现形式，可以水彩、平涂、厚涂，也可以写实、涂鸦，产生丰富多彩的效果，而且板绘的滤镜可以增添很多风格化的特殊效果。

（一）水彩效果的表现

该作品以简洁的线条勾勒形体，采用水彩晕染的方式表现裘皮的蓬松质感，在视觉中心提炼出长毛裘皮的皮毛质感，不同于一般表达裘皮厚重感的形式，绘画表现独具匠心（图2-2-15）。

相较于上一幅水彩晕染的效果表达，这一幅则表现板绘水彩干画法的表达，较为力挺的短毛裘皮大衣，层层叠加不同透明度的黑，以及运用短而有力的皴法表现裘皮的短毛质感和皮毛的光泽度（图2-2-16）。

局部

图2-2-15 板绘水彩效果表现 中央民族大学 尹晨茜

局部

图2-2-16 板绘皮草材质表现 中央民族大学 尹晨茜

（二）材质效果的表现

这两幅作品均用厚涂的板绘技法表现不同皮草材质的效果（图2-2-17、图2-2-18），通过层层叠加色彩的厚涂方式，在画面中不断塑造材质的明暗关系（图2-2-19），质感的表达以及丰富的细节变化，展现出长毛蓬松厚重，短毛温暖时尚。

局部1

局部2

整体　　　　局部3

图2-2-17　板绘效果表现

图2-2-18　板绘效果表现
中央民族大学　刘纬桢

图2-2-19　绘画过程　中央民族大学　尹晨茜

（三）拼贴效果的表现

拼贴是板绘效果图常用的方法，其技法是多元化的，可以通过
不同的表现技法将不同的元素糅合、重组、叠加等，将创造和想
象发挥极致。拼贴有大面积的创意式拼贴，也有局部的点缀式拼贴
（图2-2-20、图2-2-21）。

图2-2-20 拼帖效果表现 中央民族大学 刘纬桢

图2-2-21 拼帖效果表现 中央民族大学 崔秋丽

（四）插画效果的表现

插画作为视觉艺术的一种，扮演着传递思想、信息的角色，绘画语言更生动形象，插画风的效果图成为当下艺术表达的一股清流。该服装效果图以插画形式表现，风格复古、内容丰富，生动形象地表现了服饰的动态效果，如同复古画报更有商业价值（图2-2-22）。

（五）板绘效果图解析

下面这幅作品以主体构图的方式呈现，使用板绘方式绘制，运用简单的线条和红黑色块表现手绘插画风格。将四个模特脸部线条和结构简化，四肢拉长做夸张处理，位置前后错落排列，突出右边服装廓型较大的主体人物，同时裙摆位置作虚化处理，使前后分割更加自然。图案则采用拼贴技法，将传统民族纹样转为单色线描后贴在服装上。背景采用红色渐变，与红色服装相接的部分用白色线条拉开色差凸显人物。背景写意的淡灰色祥云图案用仿毛笔的笔刷绘制，为画面增加了更多的元素和层次感（图2-2-23）。

图2-2-22 插画效果表现 中央民族大学 曾怡然

图2-2-23 板绘效果表现 中央民族大学
尹晨茜《云上》

这幅作品采用平铺构图的形式，使用板绘方式，用强烈、潇洒、不均匀的笔触表现服装夸张、概念的造型，保留了放松的绘画感。服装主题为表现深海的生物形态，选择用不规则弯曲的边缘线条呈现生物自然生长的自由形态，局部运用散粉式笔刷表现针织面料粗糙柔软的肌理与质感。系列服装各颜色间穿插呼应，保持了三套服装在视觉上的平衡统一。皮肤选用深色和色块的表现方式，将模特弱化，凸显服装的艳丽。背景色调与服装相同，用仿岩石肌理的笔刷随意大块面点涂，降低透明度，呈现迷幻的氛围（图2-2-24）。

图2-2-24 板绘效果表现 中央民族大学 尹晨茜 *Deep Sea*

这幅作品采用平铺构图，以拼贴作为主要手法。运用真人模特拼贴绘图，使其规整度更高、更加商业化，更直观地展现服装的穿着效果和整体比例。印花图案的拼贴具有写实和还原服装样式的效果，减少效果图与成衣的差距。服装绘制方面，先使用几何型构成服装廓型，再叠加涂抹素描关系，最后贴上提前设计好的数码印花图案，呈现接近成衣的材质效果。整体色调和谐统一、清新浪漫。背景用空心笔刷绘制不规则流线，再将人物翻转制作倒影，营造画面空间感（图2-2-25）。

图2-2-25 板绘效果表现 中央民族大学 尹晨茜 *AKKW*

这幅作品采用平铺排列的构图方式，运用板绘清晰直观地表现服装效果。其整体为写实风格，保持真实感的同时，在细节处保留了一些铅笔线条，让画面更生动。选用景颇族银泡作为设计元素，将银泡重新排列组合后，拼贴点缀在服装上。冰冷的银灰色和不规则流动的彩色图案相融合，运用常规圆头笔刷绘制出不同材质面料的质感，如皮革、针织及PVC等，让画面有丰富的视觉效果。背景使用浅色调，将圆形的线条组合和炫彩的泡泡元素调低透明度，融于背景中，不会喧宾夺主，衬托了人物及多材质肌理，同时也强调了主题内容（图2-2-26）。

图2-2-26　板绘效果表现　中央民族大学　尹晨茜 *Silvery*

　　这幅作品通过模特不同的站姿，呈现出不同角度的服装效果。服装用链条笔刷点缀，为牛仔风格的服装增添现代精致气息。利用人物翻转的倒影营造画面空间感，加上不规则的流动平涂式线条作为背景，增加了画面层次感与动感。整体使用大面积蓝、白色填充，局部用黑、橘色饰品点缀，用干练的手绘式线条呈现出简洁明快的特点，插画感强烈（图2-2-27）。

图2-2-27　板绘效果表现　中央民族大学　徐静蕾

这幅作品采用主体构图的形式。选用手绘感强烈的铅笔笔刷，随意、不均匀的笔触让画面更加生动自然，人物脸部、身体和服装线条的处埋方式随性又不失规整，具有时尚感的同时能非常直观地看到服装款式。色彩方面，模仿马克笔的笔刷质感，运用黑白灰并以蓝紫色加以点缀，平衡冷灰色带来的冰冷感。对于服装局部的处理有松有紧，细节处用白色铅笔笔刷进行刻画，提升画面的完整度和精细度。降低背景图层中心的透明度以突出人物，用浅灰色速写流线笔触表现机械未来感，仿佛穿梭于未来都市，辅助画面主题的表现，同时丰富画面（图2-2-28）。

图2-2-28　板绘效果表现　中央民族大学　尹晨茜 *Future*

第三章

服饰绘画应用技法

第一节 服饰绘画要素的表现

　　服饰绘画是围绕服饰且以绘画为手法的一种可视化表现形式。服饰绘画中存在人物比例、形态、构图、材质质感、人物造型、背景环境、画面意境这几个表现要素。这些要素可以根据画者的创意选择性呈现，也可同时呈现。例如，画面只呈现服饰不出现人物形象的创意形式，即要素的选择性呈现方式。依据主观客观两方面，主观上画者对画面创作需要而作选择，客观上依据服饰绘画应用目的而作选择。

一、比例表现

　　服饰绘画中人物比例指头身比例、四肢比例等。其中，头身比例是首要确定因素，根据头身比例协调四肢比例关系。比例有两种形式。

（一）通识审美比例关系

　　服饰穿着在展演时国际认同的方式是由具有一定比例审美的模特穿衣展示，所以人们比较常见的模特具备上身短、臂腿较长、头身比较大的比例关系。这便对服饰绘画人体比例形成重要参考依据，所以通常会以T台模特的审美比例来制定绘画中人物比例，也可以根据服饰需要进行更大夸张。这类形式以成年人为例，在绘画设计中多呈现头身比例为1∶8（图3-1-1）、1∶9（图3-1-2）、1∶10（图3-1-3）等。具体选择比例形式要根据服饰设计特色和画者的审美表现风格来确定，例如，在表现全身礼服时为了突出礼服的优美，头身比例通常用1∶9、1∶10甚至更夸张。

（二）个性化审美比例关系

　　另一种比例是根据画者创意的个性化形象而形成的比例关系，这种比例关系可以表现服饰所需要的更贴切的氛围，比例没有固定常用数值，只需要以画面效果是否协调作为依据。例如，在近年古装文化流行趋势影响下的服饰绘画人物，以古画中的人物比例为当下较为

图3-1-1　头身比例1∶8

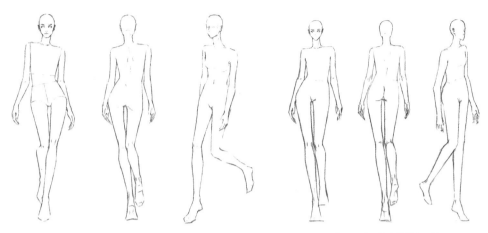

图3-1-2　头身比例1∶9　　　　　　　　　图3-1-3　头身比例1∶10

流行的应用趋势；也有将头身比例缩小，塑造可爱形象的比例形式
（图3-1-4）。例如，在表演类服饰设计中，人物通常要根据演员身份
设计特别的个性化形象比例（图3-1-5）。

图3-1-4　头身比缩小塑造可爱
形象　板绘效果表现　中央民族
大学　高文雯《盛世霓裳》

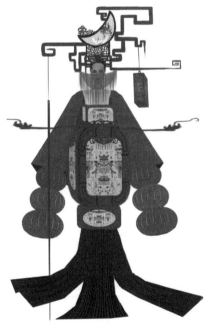

图3-1-5　根据演员身份设计表演类服饰
板绘效果表现　浙江传媒大学　叶建怡

拓展知识:

服饰绘画中是否以人作为服饰的载体取决于画者的创意需要。在时尚发展的背景下,服饰绘画表现形式越来越丰富多样,在绘画形式中人物并不是服饰的唯一载体,一件没有被人物穿着的服饰在绘画中也能以其他载体来呈现出绘画美,在设计中,常使用的人台、各类衣服架子、一件家具都可以是服饰展示的载体(图3-1-6~图3-1-8)。

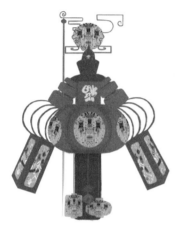

图3-1-6 创意表现1 板绘效果表现
浙江传媒大学 叶建怡

图3-1-7 创意表现2
手绘马克笔表现 法国
国际时装学院 凌思昊

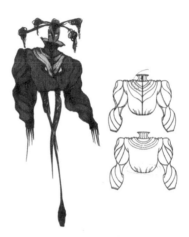

图3-1-8 创意表现3
手绘马克笔表现 法国国际时装学院
凌思昊

二、形态表现

形态表现指人物姿态的绘画表现。一张生动的服饰绘画中,人物与服饰之间是有着内在联系的,这种联系通过人物姿态形式有助于服饰设计的表现,加强画面服饰的视觉感受(图3-1-9)。人物穿着服饰的表现形式与其他物件作为载体来表现服饰的区别就在于,人物可以通过姿态的变化,生动多样地诠释各类服饰特色。例如,选择了弹性极佳的新型面料设计的运动服装,在绘画时,人物以大幅度的运动姿态来表现,这种姿态将观者对运动服饰应用功能的感受大大提升。反之,如果选用一组常规步行姿态来表现,服饰看起来就会平常化,感受不到面料的弹性功能,减弱了服饰特性的表现。

绘画时,多思考服饰与人物的关系,需要何种人物姿态诠释面料的特殊性或者服装的特别之处。例如,有背部细节设计的服饰可以考虑侧身；极大弹性的面料可以考虑通过大幅度运动姿态来表现面料张力。人物形态与服饰细节息息相关，选择好形态可以使服饰展示事半功倍，在某种程度上比人体比例更具有直观性。而且可以使服饰表现得活起来。

图3-1-9 形态表现 板绘效果表现 中央民族大学 李仪茹《酉鸡》

三、构图表现

构图表现是服饰绘画中画面布局形式的表现。服饰绘画无论单件单人还是多件多人都需要在构图方面进行画面的艺术布局。构图形式可以分为艺术性风格和产业应用风格两种。艺术性风格的构图没有定式，依据画者表达而定，构图上更讲究画面艺术和绘画审美情趣。产业应用风格以突出服饰设计内容为主，常用的有人物主次构图、叠加构图、平铺构图、分组构图等。构图关系在上述几种基本形式的基础上还可以展开更多种的画面形式关系（图3-1-10~图3-1-20）。

图3-1-10 对角构图 板绘效
果表现 中央民族大学 齐伟利

图3-1-11 对角构图 水彩毛
笔手绘表现 中央民族大学
杨泽蕊《蜡染印象》

图3-1-12 局部构图
水彩创作 卢学军

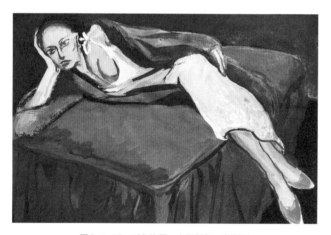

图3-1-13 对角构图 水彩创作 卢学军

图3-1-14 主次构图
水彩创作 卢学军

图3-1-15
叠加构图1 水彩
创作 卢学军

图3-1-16 叠加构图2
水彩创作 卢学军

图3-1-17 平铺构图 手绘水彩毛笔表现 中央民族
大学 杨泽蕊 VISION

图3-1-18 平铺构图 板绘效果表现 浙江传媒大学 冉晋慧

图3-1-19 分组构图 手绘水彩毛笔表现 江南大学 姜子羽

图3-1-20 散点构图 板绘效果表现 浙江传媒大学 牛雨婷

四、面部表现

以人物作为服饰载体的绘画人物面部造型表现方式分为两种。一种是相对写实的表现形式，此种形式以真人的面部五官样式和头发样式作为绘画创意依据，追求画面写实且唯美的视觉风格。另一种风格以画者个性创意的风格作为依据，面部与发型以艺术化的简化或者夸张作为表现手法，这种方式使服饰绘画的风格更趋于个性化表现，如果可以做到协调唯美，画面会更具特色。反之，如果忽略了协调唯美，画面也将产生反面效果。协调和唯美部分的绘画修养，需要画者对自身进行绘画美学的相关训练和提升，以求在绘画感知方面的修养达到相应的素质。

（一）写实表现（图3-1-21~图3-1-28）

图3-1-21 写实1 中央民族大学
李秋语

图3-1-22 写实2 中央民族大学
李佳美《与》局部

图3-1-23 写实3
中央民族大学 尹晨茜

图3-1-24 写实4
中央民族大学 刘畅

图3-1-25 写实5
中央民族大学 辛喆

图3-1-26 写实6
中央民族大学 刘畅

图3-1-27 写实7 刘秉江

图3-1-28 写实8 刘秉江

（二）创意表现（图3-1-29~图3-1-32）

图3-1-29 创意表现1
中央民族大学 王悦萁

图3-1-30 创意表现2 法国国际时
装学院 Olivier Blanc *Fragment of
memory* 局部

图3-1-31　创意表现3　法国国际时装
学院　施慧汇

图3-1-32　创意表现4　法国国际时装
学院　凌思昊

五、氛围表现

　　服饰绘画中背景的表现是完整作品的一部分，背景或留白底，或做色底，或做各种风格创意，无论何种形式都是构成画面的一部分。画者应关注画中主体与背景间的构图关系和内容关系。背景与主体的构图关系与上述服饰绘画要素的构图关系有密切关联，方式可参考上述构图关系的表现方式。背景表现中，主体与背景的内容关系是人们通常见到的一种形式，指背景内容与主体内容有内在联系。背景画面可以是主体服饰的设计元素，也可以是表现主体服饰的穿着环境画面。例如，冬奥会服饰设计背景是冬奥会场景；戏剧服饰设计背景是戏剧场景（图3-1-33、图3-1-34）；民族时尚类服饰设计背景是民族服饰设计元素（图3-1-35~图3-1-38）等。

图3-1-33　戏剧服饰设计作品1　板绘效果表现　浙江传媒大学　周蒋婷

图3-1-34　戏剧服饰设计作品2　板绘效果表现　浙江传媒大学　卢金丹《纸鸢》

图3-1-35　民族服饰设计作品1　手绘水彩毛笔表现
中央民族大学　高文雯 HMONG

图3-1-36　民族服饰设计作品2　手绘水彩毛笔表现
中央民族大学　吕政翰《殊芸》

图3-1-37　民族服饰设计作品3　板绘效果表现　中央民族大学　徐静蕾

图3-1-38　民族服饰设计作品4　板绘效果表现　中央民族大学　谷文晴《蝴蝶妈妈》

第二节　材料质感的表现

　　服饰绘画中，服饰的表现是画面主要内容，其中对于服饰的材料美感的表达是体现服饰的重要表现途径。服饰设计中，设计师需要将材料的特性与美感在设计中应用得当，将材料本身的美感与服饰款式、图案、功能等设计元素融合一体地表现出来。因此，服饰材料的美感成为重要的评价服饰设计的依据之一，在绘画时，也是古今中外画家、设计师们表现服饰美的重要绘画要素。在很多精美的中外古画中都直观地看到服饰的材料质感美成为绘画中精美的表现内容。例如，中国唐代张萱《捣练图》、周昉《簪花仕女图》等著名人物画作品中，对于唐代服饰材料华丽、透明淡彩的质地辅以重点表现，使观者于当下便能感受到唐代宫廷服饰的美感。当代服饰绘画依然以服饰材料美感作为表现重点之一，既是对服饰的真实诠释也增加了画面的审美效果。

　　对于服饰材料质感美的表现是服饰绘画训练的重要前提。熟练掌握技法可以提升绘画的能力。材料的表现注重对实物的观察训练。首先，观察时需要融入对材料特点的思考。例如，裘皮颜色的变化、裘皮花型的变化、皮毛质感软硬的变化等。其次，观察思考后需要选择便于表现质感的绘画方式。例如，在表现裘皮时先渲染底色，之后用笔尖散开的毛笔快速表现裘皮的毛与色。这部分的训练以观察思考为重，这样可以避免千人一法的单一绘画效果，便于训练出多种灵活的绘画形式。观中国古画时，常可见不同的画家在表现同种服饰材料时方法都有各自的特点，轻松、简约、不累赘。

一、皮革（图 3-2-1~图 3-2-4）

图3-2-1　皮革1　中央民族大学
刘畅

图3-2-2　皮革2　中央民族大学
祝海玥

图3-2-3 皮革3 中央民族大学 贺之业　　图3-2-4 皮革4 中央民族大学 谷文晴

练习一（图3-2-5）：

第一步：用铅笔起草稿，画出人物动态，根据人体形态勾勒服装的大体轮廓，注意起稿要轻，并将多余的线条擦干净。

第二步：整体平涂，自然晕染皮肤头发和服装底色。用黑色颜料加水，稍微叠加阴影，找出服装大概的明暗关系，取干净的毛笔晕染边缘，使其自然过渡。待底色干后，用更浓的颜料加重明暗对比，画出皮革光泽的质感。如果是偏硬的皮革，下笔要干净利落，充分体现笔触，再稍加晕染。整体对比强烈、层次分明，注意皮革外轮廓要挺括、硬朗。

第三步：勾勒细节，添加高光和线迹。最后整体深入刻画，调整细节、完成画稿。

绘画步骤（1）　　　　绘画步骤（2）　　　　绘画步骤（3）

图3-2-5 皮革绘画步骤1 中央民族大学 贺顺茹

练习二绘画步骤及效果（图3-2-6~图3-2-8）：

绘画步骤（1）　　　　绘画步骤（2）　　　　绘画步骤（3）

绘画步骤（4）　　　　　　　局部图（2）

局部图（1）

图3-2-6　皮革绘画步骤2　中央民族大学　辛喆

局部

图3-2-7 皮革服饰效果图1 水彩毛笔手绘表现
中央民族大学 尹晨茜

局部

图3-2-8 皮革服饰效果图2 水彩毛笔手绘表现
中央民族大学 辛喆

二、透明（图3-2-9~ 图3-2-12）

图3-2-9 透明1
中央民族大学 马晓琪

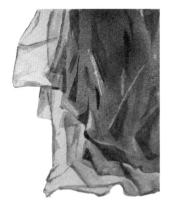

图3-2-10 透明2
中央民族大学 刘畅

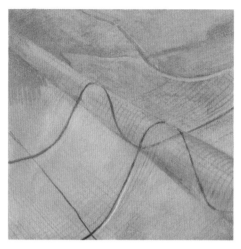 

图3-2-11 透明3 中央民族大学 徐静蕾　　　　　图3-2-12 透明4 中央民族大学 李仪茹

练习一（图3-2-13）：

第一步：用铅笔起草稿，画出人物动态，根据人体形态勾勒服装的大体轮廓，注意起稿要轻，并将多余的线条擦干净。

第二步：首先整体淡淡地晕染一遍皮肤底色，再用深一度的颜色加深皮肤阴影部分，注意避开有多层纱质面料遮挡的部分。等画面干后，整体晕染一遍服装底色，再用清水笔使笔触边缘自然过渡，显现出透明面料的通透感。

第三步：待颜色干后，蘸取浅紫色，多次快速加深服装的明暗交接处，使服装部分有虚实变化，再在裙子部分轻点出装饰花纹的底色，注意花纹的排列分布位置、对形状的概括以及虚实处理。

第四步：头发鞋子上色，铺完底色后，再取较深同色加深阴影处并勾勒发丝，用紫红色刻画头饰和鞋子，根据光影留出高光；用放松自然的笔触，点缀花纹和珍珠的细节，最后整体刻画调整细节，完成画稿。

绘画步骤（1）　　　　　　　　　　　　　　绘画步骤（2）

绘画步骤（3）　　　　　　　　　　　　　　绘画步骤（4）

图3-2-13　透明绘画步骤1　中央民族大学　刘纬桢

练习二绘画步骤及效果（图3-2-14~图3-2-17）：

绘画步骤（1）　　　　　　　　绘画步骤（2）　　　　　　　　绘画步骤（3）

图3-2-14　透明绘画步骤2　中央民族大学　高文雯

局部图（1）

局部图（2）

图3-2-15　透明服饰效果图1　手绘水彩毛笔表现　中央民族大学　辛喆

局部

图3-2-16　透明服饰效果图2　手绘水彩毛笔表现　中央民族大学　辛喆

局部

图3-2-17　透明服饰效果图3　手绘水彩毛笔表现　中央民族大学　辛喆

三、裘皮（图3-2-18~图3-2-21）

图3-2-18 裘皮1 中央民族大学 刘畅

图3-2-19 裘皮2 中央民族大学 谷文晴

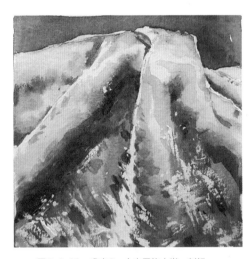

图3-2-20 裘皮3 中央民族大学 刘畅

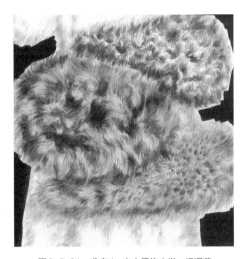

图3-2-21 裘皮4 中央民族大学 杨泽蕊

练习一（图3-2-22）：

第一步：用铅笔起草稿，画出人物动态，根据人体形态勾勒服装的大体轮廓，注意起稿要轻，并将多余的线条擦干净。

第二步：首先整体自然晕染一遍服装底色，取干净的毛笔刷一遍浅色，趁画面未干，蘸赭石深色多次点染，再用清水笔自然过渡裘皮边缘，显现出裘皮的毛绒感。

第三步：待底色干后，用普兰色加水进行点染，在层次靠前的部位，如领部、腰部等阴影处勾勒深浅不一的短毛，刻画短毛部分时，下笔均匀利落；腰带部分先轻扫出底色，亮部适当留白。

第四步：皮肤头发上色，使用淡普蓝色铺皮肤底色，用较深的颜色刻画暗部，头发使用较深同色铺底并勾勒发丝，根据画面需要，绘制人物形象细节，如五官、饰品等；选用淡普蓝色绘制靴子，根据靴子的褶皱关系留出高光；用放松自然的笔触勾勒裘皮面料的细节，最后整体刻画调整细节，完成画稿。

绘画步骤（1）　　　　绘画步骤（2）　　　　绘画步骤（3）　　　　绘画步骤（4）

图3-2-22　裘皮绘画步骤1　中央民族大学　刘纬桢

练习二绘画步骤及效果（图3-2-23~图3-2-28）：

局部图

绘画步骤（1）　　　绘画步骤（2）　　　绘画步骤（3）　　　绘画步骤（4）

图3-2-23　裘皮绘画步骤2　中央民族大学　辛喆

局部图（1）

局部图（2）

图3-2-24　裘皮服饰效果图1　手绘水彩毛笔表现　中央民族大学　辛喆

局部图（1）

局部图（2）

图3-2-25　裘皮服饰效果图2　手绘水彩毛笔表现　中央民族大学　辛喆

局部图（1）

局部图（2）

图3-2-26　裘皮服饰效果图3　手绘水彩毛笔表现　中央民族大学　辛喆

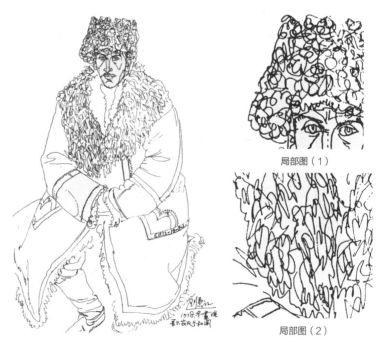

局部图（1）

局部图（2）

图3-2-27　钢笔速写创作1　刘秉江《穿皮袄的农民》1978年

局部图（1）

局部图（2）

图3-2-28 钢笔速写创作2 刘秉江《和闻老农之一》1978年

四、牛仔（图3-2-29~图3-2-32）

图3-2-29 牛仔1 中央民族大学 刘畅

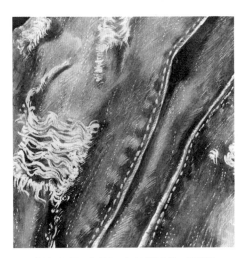

图3-2-30 牛仔2 中央民族大学 杨泽蕊

图3-2-31 牛仔3 中央民族大学 李仪茹　　　　图3-2-32 牛仔4 中央民族大学 徐静蕾

练习一（图3-2-33）：

第一步：用铅笔起草稿，画出人物动态，根据人体动势勾勒服装的大体
轮廓，注意根据阴暗面进行虚实设计，注意线条，勾勒牛仔服
装宽松微硬挺的质感。

第二步：首先将线稿简单擦除，留下痕迹。取干净的毛笔沿服装轮廓刷
一遍清水，用蓝色进行点涂，晕染一遍上衣服装底色，并趁画
面未干，用清水笔沿褶皱走势进行自然晕染，注意将高光处留
白，将颜料推到褶皱阴影处，待干后形成明暗关系，表现自然
水洗质感。

第三步：待底色干后，再次用彩色铅笔绘制牛仔面料细节质感，同色蓝
色混合少量清水，用小号毛笔进行暗面处理。注意过渡晕染，
接近高光时放松笔触，再用清水笔扫过。

第四步：用深蓝色、土黄色进行牛仔明线的刻画，控制加水量，以体现
虚实变化。待干后，用水粉白色沿土黄色明线刻画立体感。运
用蓝色加入少量水，沿服装边缘结构进行毛边暗面的刻画；待
干后，用水粉白色，进行毛边刻画，注意不要加水，毛笔的笔
触更有做旧毛边的质感。最后完善面部与鞋，完成画稿。

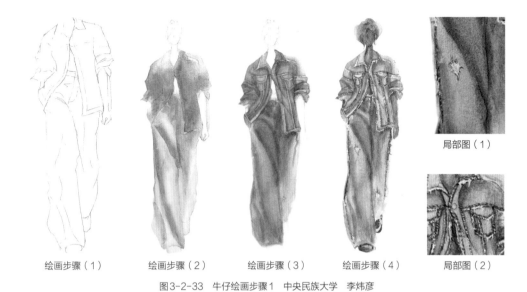

| 绘画步骤（1） | 绘画步骤（2） | 绘画步骤（3） | 绘画步骤（4） | 局部图（1） |

局部图（2）

图3-2-33　牛仔绘画步骤1　中央民族大学　李炜彦

练习二绘画步骤及效果（图3-2-34~图3-2-36）：

绘画步骤（1）　　　　　绘画步骤（2）

图3-2-34

局部图（1）

局部图（2）

绘画步骤（3）　　　　　　　　　绘画步骤（4）

图3-2-34　牛仔绘画步骤2　中央民族大学　辛喆

图3-2-35　牛仔服饰效果图1　　　图3-2-36　牛仔服饰效果图2　手绘水彩
手绘水彩毛笔表现　中央民族　　　毛笔表现　中央民族大学　辛喆
大学　尹晨茜

五、蕾丝（图3-2-37~图3-2-40）

图3-2-37 蕾丝1 中央民族大学 刘畅

图3-2-38 蕾丝2 中央民族大学 李仪茹

图3-2-39 蕾丝3 中央民族大学 贺之业

图3-2-40 蕾丝4 中央民族大学 徐静蕾

练习一（图3-2-41）：

第一步：用铅笔起草稿，画出人体动态，根据人体形态勾勒服装的大体轮
　　　　廓，注意起稿要轻，并将多余的线条擦干净。

第二步：整体自然晕染皮肤头发和服装底色，同时留出纱和蕾丝的
　　　　位置。

第三步：待底色干后，再刷一遍清水并蘸黑色，铺第一遍纱裙和头纱的
　　　　底色，少量多次，层层晕染，表现人体若隐若现的感觉。待干

后开始勾勒蕾丝细节，视觉主体部分要层次分明，逐渐向两侧晕染勾勒。注意纱裙的飘逸感和节奏。

第四步：叠加阴影画出头纱层次感，待干后勾勒蕾丝花纹做点缀，用高光颜料画出上衣白色蕾丝，透出自然皮肤，增加蕾丝质感。最后整体刻画调整细节，完成画稿。

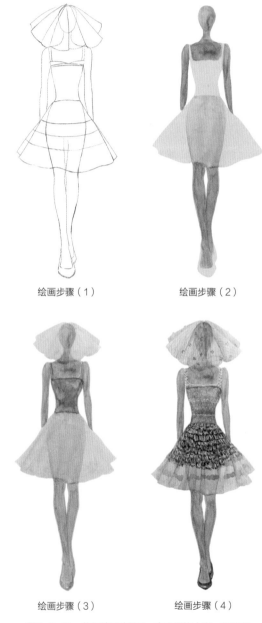

绘画步骤（1）　　　　　绘画步骤（2）

绘画步骤（3）　　　　　绘画步骤（4）

图3-2-41　蕾丝绘画步骤1　中央民族大学　贺顺茹

练习二绘画步骤及效果（图3-2-42~图3-2-44）：

绘画步骤（1）　　　　　　绘画步骤（2）

局部图（1）

局部图（2）

绘画步骤（3）　　　　　绘画步骤（4）

图3-2-42　蕾丝绘画步骤2　中央民族大学　辛喆

图3-2-43　蕾丝服饰效果图1　手绘水彩毛笔表现　中央民族大学　李仪茹

图3-2-44 蕾丝服饰效果图2 手绘水彩毛笔表现 中央民族大学 刘畅

六、针织（图3-2-45~图3-2-48）

图3-2-45　针织1　中央民族大学　刘畅

图3-2-46　针织2　中央民族大学　李仪茹

图3-2-47　针织3　中央民族大学　祝海玥

图3-2-48　针织4　中央民族大学　杨泽蕊

练习一（图3-2-49）：

第一步：用铅笔起草稿，画出人体动态，根据人体动势勾勒服装的
　　　　大体轮廓，注意根据明暗面进行虚实设计，注意勾勒针织
　　　　服装的花纹以体现质感。

第二步：将线稿简单擦除，留下痕迹。取干净的毛笔沿轮廓刷一遍
　　　　清水，将紫色与少量玫红色进行调和，晕染一遍服装底
　　　　色，并趁画面未干，用清水笔进行自然晕染，待干后形成

自然渐变。针织裤底色用土黄与赭石进行调和，注意将高光处留白，再用清水笔自然过渡虚化，并将颜料在未干时推到阴影处，形成自然明暗关系。绘制包的底色与简单纹样，用清水笔过渡自然。

第三步：待底色干后，刷少量清水，将粉红与赭石调和加入清水绘制针织毛衣的暗面。针织裤用墨绿与熟褐进行调配晕染暗部，绘制针织纹样，注意控制水量。表达明暗关系时下笔均匀利落，接近高光时放松笔触，再用清水笔扫过。

第四步：用玫红和紫色彩铅对毛衣的织线进行细节刻画。用熟褐在包上刻画出豹纹的纹样后，用清水笔晕染，待干后刻画毛皮质感，运用中黄点缀过渡。最后设计面部细节，完成画稿。

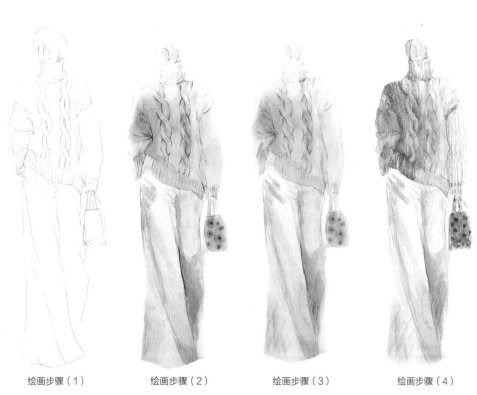

绘画步骤（1）　　　绘画步骤（2）　　　绘画步骤（3）　　　绘画步骤（4）

图3-2-49　针织绘画步骤1　中央民族大学　李炜彦

练习二绘画步骤及效果（图3-2-50~图3-2-52）:

绘画步骤（1）　　　　　绘画步骤（2）　　　　　绘画步骤（3）

局部图（1）

局部图（2）

绘画步骤（4）

图3-2-50　针织绘画步骤2　中央民族大学　辛喆

局部

图3-2-51 针织服饰效果图1 手绘水彩毛笔表现
中央民族大学 辛喆

局部

图3-2-52 针织服饰效果图2 手绘水彩毛笔表现
中央民族大学 辛喆

图片资料

第三节　服饰绘画表现风格

一、艺术式表达（图 3-3-1 ~ 图 3-3-41）

图 3-3-1　手绘水彩水粉表现　中央民族大学　谷文晴

图 3-3-2　板绘效果表现　中央民族大学　杨泽蕊《苗染》

图3-3-3 手绘水彩国画颜料毛笔表现 中央民族大学 王博龙《醒狮》

图3-3-4 手绘水彩毛笔表现 中央民族大学 王一格《染鳞》

图3-3-5　手绘马克笔表现　王苒《重生》

图3-3-6　板绘效果表现　中央民族大学　尹晨茜

图3-3-7　手绘水彩毛笔表现　中央民族大学　潘梦然《丝韵》

图3-3-8　手绘水彩毛笔表现　中央民族大学　韩蕊泽

图3-3-9　手绘马克笔彩色圆珠笔表现　中央民族大学　孙雅婷《年画新解》

图3-3-10　手绘彩色铅笔表现　中央民族大学　于丽阳

图3-3-11 手绘水彩毛笔表现
中央民族大学 周文君《多兰》

图3-3-12 手绘水彩毛笔表现 中央民族大学 李秋雨

图 3-3-13　手绘水彩毛笔表现　中央民族大学　王佳琦

图3-3-14　水彩创作1　卢学军

图3-3-15 水彩创作2 卢学军

图3-3-16 手绘水彩钢笔表现 东华大学 刘晨澍

图3-3-17　手绘马克笔表现　法国国际时装学院　施慧汇
Fragment of memory

图3-3-18　手绘水彩表现　法国国际时装学院
Monika *PUPPET BRIDE*

图3-3-19　手绘马克笔钢笔表现　法国国际时装学院　韩垠麓

图3-3-20　手绘水彩钢笔表现　法国国际时装学院
Denit Barricault

图3-3-21　板绘效果表现1　中央民族大学　孔德姚

图3-3-22　板绘效果表现2
中央民族大学　孔德姚

图3-3-23　板绘效果表现3　中央民族大学　孔德姚

图3-3-24　板绘效果表现4　中央民族大学
孔德姚

图3-3-25　板绘效果表现5　中央民族大学　孔德姚

图3-3-26　板绘效果表现6　中央民族大学
孔德姚

图3-3-27　板绘效果表现7　中央民族大学　杨泽蕊

图3-3-28　板绘效果表现8　中央民族大学　孔德姚

图3-3-29　板绘效果表现　中央民族大学　姚琪琪《泥潭寻我》1

图3-3-30　板绘效果表现　中央民族大学　姚琪琪《泥潭寻我》2

图3-3-31　板绘效果表现　中央民族大学　姚琪琪《泥潭寻我》3

图3-3-32　板绘效果表现　中央民族大学　尹晨茜

图3-3-33　板绘效果表现　中央民族大学　闫宋喆元

图3-3-34　板绘效果表现1　中央民族大学　周文君

图3-3-35　板绘效果表现2　中央民族大学　周文君

图3-3-36　板绘效果表现3　中央民族大学　周文君

图3-3-37　板绘效果表现1　中央民族大学　曾怡然

图3-3-38　板绘效果表现2
中央民族大学　曾怡然

图3-3-39 板绘效果表现 中央民族大学 李雨珂

图3-3-40 板绘效果表现1 中央民族大学 陈玉

图3-3-41 板绘效果表现2 中央民族大学 陈玉

图片资料

二、实用型表达（图3-3-42~图3-3-79）

图3-3-42　板绘效果表现　中央民族大学　陈柳《荒诞童话》

图3-3-43　手绘水彩毛笔表现　清华大学　马誉珂

图3-3-44　手绘水彩毛笔表现　中央民族大学　刘畅

局部

图3-3-45　手绘水彩毛笔表现　中央民族大学　高文雯《存续》1

局部

图3-3-46　手绘水彩毛笔表现　中央民族大学　高文雯《存续》2

局部

图3-3-47　手绘水彩毛笔表现　中央民族大学
高文雯《存续》3

局部

图3-3-48　手绘水彩毛笔表现　中央民族大学　刘纬桢《鸿衣羽裳》1

局部

图3-3-49　手绘水彩毛笔表现　中央民族大学　刘纬桢《鸿衣羽裳》2

局部

图3-3-50　手绘水彩毛笔表现　中央民族大学　刘纬桢《鸿衣羽裳》3

局部

图3-3-51　手绘水彩毛笔表现　中央民族大学　贺顺茹《古丽克孜》

图3-3-52　手绘水彩毛笔表现1　中央民族大学　辛喆

局部

局部

图3-3-53　手绘水彩毛笔表现2　中央民族大学　辛喆

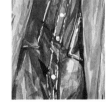

局部

图 3-3-54　手绘水彩毛笔表现 3　中央民族大学　辛喆

局部

图3-3-55　手绘水彩毛笔表现4　中央民族大学　辛喆

图3-3-56　手绘水彩毛笔表现5　中央民族大学　辛喆

局部

图3-3-57　手绘水彩毛笔表现6　中央民族大学　辛喆

图3-3-58　手绘水彩毛笔表现　中央民族大学　谷文晴

局部

图3-3-59　手绘水彩毛笔表现　中央民族大学　杨泽蕊

图3-3-60 手绘水彩表现 法国国际时装学院
王新润 *LAUGHT&TACKING*

局部

图3-3-61 手绘马克笔表现 法国国际时装学院 郭笑雪

图3-3-62　板绘效果表现　中央民族大学　徐静蕾

图3-3-63　板绘效果表现　中央民族大学　尹晨茜

图3-3-64　板绘效果表现　中央民族大学　王一格《锦花屏》

图3-3-65　板绘效果表现　中央民族大学　崔秋丽

图3-3-66　板绘效果表现1　中央民族大学　孔德姚

图3-3-67　板绘效果表现2　中央民族大学　孔德姚

图3-3-68　板绘效果表现3　中央民族大学　孔德姚

图3-3-69　板绘效果表现1　中央民族大学　王赛赛

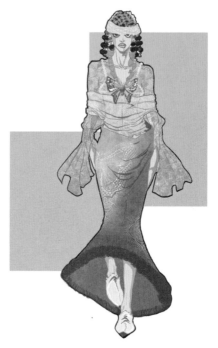

图3-3-70 板绘效果表现2 中央民族大学 王赛赛

图3-3-71 板绘效果表现3 中央民族大学 王赛赛

图3-3-72 板绘效果表现 中央民族大学 王婧《千禧姑苏》

图3-3-73 板绘效果表现 中央民族大学 杨雨萌《唯之美》

图3-3-74　板绘效果表现　中央民族大学　邓阳卡《彝娘》

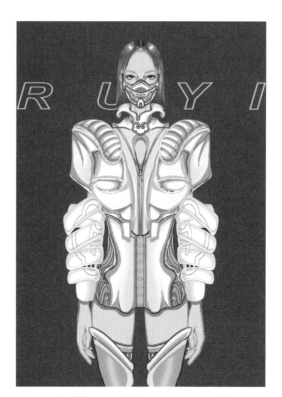

图3-3-75　板绘效果表现　中央民族大学　白胜博《RUYI 如意》

图3-3-76 板绘效果表现 中央民族大学 杨雨萌《莲》

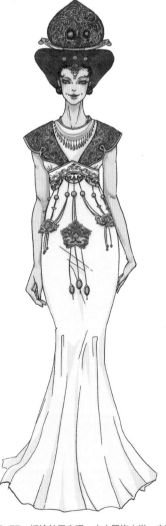

图3-3-77 板绘效果表现 中央民族大学 申嘉曈

图3-3-78 板绘效果表现1 中央民族大学 李雨珂

图3-3-79 板绘效果表现2
中央民族大学 李雨珂

第四章
服饰绘画赏析

第一节　作品分析

作品一：

　　这幅作品重点表现明亮的光源，通过弱化主体人物的结构衬托花卉背景图案，使其更加灵动。整幅画作意在突出整体氛围，强化时尚感，画者巧妙地提高主体人物的色彩明度，拉开人物和背景的距离，清晰表现服装轮廓，且面料中的颜色变化与暖色调光源相呼应，利用明度和纯度之间的巧妙平衡，让人物保持了主体性，使得整幅画作和谐统一。在这种表现手法下，点缀在背景中的玫红色花朵更加突出，轻快愉悦的色彩氛围也更好地带动并体现了面料轻盈的质感。画面中点线面所展现的节奏韵律感与颜色搭配高度和谐，呈现出如梦似幻的朦胧美（图4-1-1）。

图4-1-1　水彩创作1　卢学军

作品二：

　　这幅作品通过色彩的运用、图案的表现以及构图的安排等，将整个画面表现得和谐统一、趣味十足。画者精妙地运用了色彩的浓淡关系和图案的相互融合，使得整个画面呈现通透明快感，创造了一种深邃而又流畅的感觉，呼应了服装轮廓内自然流动且相互交融的图案形态。背景的蓝色和黑色之间无意形成的水色斑驳质感，与服装图案的亮色相互呼应，使得画面更加生动有趣。画者还运用水彩水晕色块的方式，写意表现面料图案的晕染效果，颜色明淡相宜，使得整个画面更具真实感和立体感。图案的"繁"与衣服廓型的"简"完美比对，让整幅画生动有趣、收放自如。画面构图紧凑，但人物之间的关系虚实相生，充满趣味（图4-1-2）。

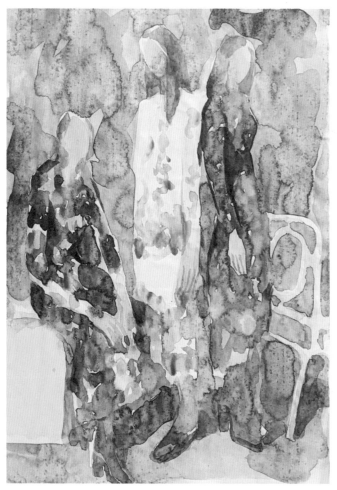

图4-1-2　水彩创作2　卢学军

作品三：

这幅作品采用了大写意画法，通过强烈的黑白灰对比突出整幅画浑厚大气的主题。面料质感的表现手法新颖生动，服装廓型表现清晰明了，颜色厚重的同时仍保持着云卷云舒、轻快透气的感觉。整个构图大气写意，服装的塑造简洁但夸张，人物排列相互连接的同时用随意的笔触效果区分开来。揉擦晕染的笔触丰富而又统一，虚实结合，极具视觉冲击力（图4-1-3）。

图4-1-3　水彩创作3　卢学军

作品四：

　　这幅作品色彩使用大胆，笔触生动丰富。通过大面积的色块晕染手法，将鲜艳明亮的橙色头发、紫色时装裙与背景中的花卉颜色自然地碰撞和统一在一起，色彩对比强烈，但不艳俗。人物边缘的虚实处理和背景的繁密图案形成了鲜明的对比，强烈突出了整幅画悠闲轻快的时尚氛围。整个画面章法紧密，采用黄金分割的构图方式以及疏密得当的处理手法，使画面空间富有浓郁的诗意和意境美。画面整体氛围时尚轻快，既具有强烈的视觉冲击力和艺术感染力，又给人以舒适的感受（图4-1-4）。

图4-1-4　水彩创作4　卢学军

作品五：

这幅作品在整体设色上表现出淡雅平缓的特点，让人感到舒适而又不失高雅。画者灵活运用近实远虚的空间布局，人物动态收放自如，呈现出自然而又灵动的画面效果。丰富多样的笔触提升了画面的层次感与质感，在色彩浓淡处理和饱和度把控方面恰到好处，使得服装面料更加鲜活生动，增强了整幅画面的趣味性。画者巧妙地表现了不同模特身着不同的服装面料的质感和裙装蓬松的感觉，加之明暗光影的表现手法，用明暗对比拉开模特之间的距离，使整幅画面展现出极具张力的效果。画面虚实有致，清雅闲逸，让人感到出尘绝俗的氛围（图4-1-5）。

图4-1-5　水彩创作5　卢学军

作品六：

　　这幅作品画面设计简洁，色调通透柔和。画者通过通透细腻的笔法，将蓝紫色的晕染与表面的皴擦效果相互融合，使整幅作品富有动感韵律，同时展现了面料丰富的质感以及服装上黑色花朵图案的灵动感。采用局部描绘的手法，对画面中的人物结构进行简单描绘，旨在突出服装主体，将服装面料及图案完美呈现。整幅画色调深邃，给人一种沉静神秘之感，同时留以一定想象空间，提高了画面的深度，并让人欣赏到一种简约与自然的美感（图4-1-6）。

图4-1-6　水彩创作6　卢学军

作品七：

　　这幅作品以几何形态的明亮色块为背景，运用斑驳涂抹的笔触质感划分色块，将背景与人物区分开来，跳跃的背景与色彩简单的主体人物相得益彰，使整幅画富于律动感。人物轻松随性的动态与背景的活泼轻快相呼应，强化了整幅画的视觉冲击力。光线的处理与留白的笔法使画面呈现出朦胧流动的感觉，同时使背景的紫红色与赭石色在人物黑色服装的映衬下熠熠生辉，更加水润通透。画面整体色彩饱满且对比清晰强烈，极具艺术美感（图4-1-7）。

图4-1-7　水彩创作7　卢学军

作品八：

　　这幅作品运用厚画法来突出绮丽华贵的氛围，凸显时尚与优雅的感觉。画面中人物的动态造型优美，姿态高贵优雅，端庄而又轻盈。人物身上的时尚服装上的几何纹样以及珠宝耳饰极其精致写实，强烈突显了整幅画的奢华感。服装没有做太多明暗光影处理，单纯运用张扬的笔触和鲜艳的色彩，同样让人感受到了面料的质感和光泽。在背景的处理上，画者运用艺术手法使整个背景显得立体感十足，光线与色彩的关系处理得惟妙惟肖，墙面上树影斑驳，墙面与皮质沙发椅的质感运用色块的对比，与平面的服装产生强烈的冲突，非常具有现实感。同时，画者通过绿色高跟鞋做出色彩对比，成为点睛之笔，又将整幅画的重点放在了主体人物身上，让整个画面视觉更为丰富和有力量感。整幅画的色彩运用非常协调，典雅而又不失现代感，让人感受到了时尚艺术的气息（图4-1-8）。

图4-1-8　水彩创作8　卢学军

作品九：

这幅作品采用了类似于意象画的画风，具有强烈的个性和独特的视觉效果。画者在处理光源、投影和明暗面时大胆张扬，亮部与暗部对比分明，创造出一种富有层次和张力的画面效果。在色彩运用方面，画者巧妙地运用了橙色和蓝紫色的对比，橙色头发晕染出的渐变效果十分细腻，点亮了整幅画面，使整幅画面显得更加生动活泼。蓝紫色的点缀在暗部的处理中呈现出一种若隐若现的效果，与橙色头发形成强烈的对比，增强了画面的鲜明感。对服装质感的简单刻画及自然流畅的笔触，更突出了整幅画面的绘画性和个性。利用光影打造出来的服装针织纹理细节和周围的环境相辅相成，使画面表现更加生动、细致和精致。整幅画面运用强烈的色彩和独特的构图，呈现出一种个性鲜明的氛围和情感表达，使人感到神秘优美（图4-1-9）。

图4-1-9　水彩创作9　卢学军

作品十：

　　这幅作品将人物的光影和色彩变化表现得非常生动。画面整体气氛欢快灵动，充满活力和动感。画者巧妙地运用了色彩和线条的变化，表现出人群的热闹和模特们的自信。画面的空间布局很合理，人物和背景的关系处理恰到好处，背景色的运用也很恰当，突出了模特们的穿着以及服装的版型和质感。在服装方面，画者着重描绘了时装的色彩，通过模特队列角度的构图强化服装，点线面的处理让服装更具立体感，并让观者能够更好地欣赏服装的美感。整幅画的配色也非常巧妙，模特鲜艳跳脱的色彩和观众单一的暗色调产生碰撞比对，使画面层次丰富、效果生动，同时强调了视觉重点，弱化了看秀的人群。整幅画描绘的场景生动传神，让观者身临其境，仿佛亲身感受到时装秀的气氛和魅力（图4-1-10）。

图4-1-10　水彩创作10　卢学军

作品十一：

　　这幅作品用色考究，色彩简洁明快，整体色调偏冷，背景的翡翠绿色给人以清新明亮的感觉，同时与主体人物的棕色调形成对比，突出了服装的时尚感和质感，增强了画面的视觉效果。铅笔勾线的保留和白色衬衫的留白处理成为整幅画的点睛之笔。白色衬衫在深色服装的映衬下，使得主体人物更为突出，也让画面更加生动有趣。在服装和配饰的刻画上，画者运用了细致的线条和丰富的面部结构，用独特的笔触刻画裘皮毛流质感的细节，具有很强的真实感和立体感，清晰的外轮廓凸显了服装面料的挺括感和流畅感。从画面整体来看，人物的面部表情、发型、服装和背景高度协调，营造了一种时尚前卫的气息（图4-1-11）。

图4-1-11　水彩创作11　卢学军

作品十二：

　　这幅作品呈现出流动飘逸的艺术风格。画者运用大量的水来晕染颜料，制造出轻盈的流动感，颜色自然地流淌和混合，打造出丰富的颜色渐变和纹理感，表现出服装垂坠柔软如行云流水的质感。画面中的主体人物色彩绚丽响亮，笔触自由奔放，浓淡变化恰到好处，使画面富有艺术性和表现力。颜料随水自然滴落的笔触更加突出了整幅画面的水韵律动，让观众仿佛看到了面料轻柔垂顺的感觉。整幅画色彩简洁而明亮，层次分明，高饱和度的粉紫色调和棕色背景产生强烈对比的同时又保持了色相的和谐统一，时尚感和动感非常强烈（图4-1-12）。

图4-1-12　水彩创作12　卢学军

作品十三：

这幅作品采用"暗绘手法"强调明暗对比。整幅画的光线通过窗户一泻而下，主体人物的服装面料与廓型则通过剪影的表现手法得以更为突出。色彩方面运用黑白灰色作为主色调，还以鲜艳的黄色作为点睛之笔，突出人物服装造型，在吸引视线的同时，让画面更加生动。此外，高纯度的蓝色也被点缀在背景中，丰富了画面，增添了整幅画作的层次空间感。在绘画技巧上，画者使用了大笔触色块的处理与留白，凸显了作品的视觉张力。人物之间肢体语言的互动也被生动传神地表现出来。整幅画作给人一种流畅又凝重的感觉，同时具有一定的戏剧性，令人不由自主地被画面所吸引。总体来看，这幅画作在明暗对比、色彩运用、构图处理以及形体表现等方面都展现出一种深邃的艺术魅力，具有很高的审美价值和艺术感染力（图4-1-13）。

图4-1-13　水彩创作13　卢学军

作品十四：

  这幅作品构图大胆，色彩强烈，笔触张扬。斜对角的构图方法让视线集中于模特身上，同时用色彩鲜艳浓重的床品来衬托模特的姿态和造型，将主体人物妖媚优美的曲线凸显出来。笔触随意狂放，没有对细节进行勾勒，而是强调刻画了人物的眼神和动态，进而强化了整幅画作的时尚氛围和艺术性。画面生动而饱满，模特服饰的颜色与床品的色彩相得益彰，白色裙摆上的笔触与袖子上的皮毛质感都被处理得非常精致，高跟鞋的颜色也和整幅画的基调相呼应，使得画作基于冷色调下的整体感觉更加统一。整幅画的色调浓郁，给人一种神秘优雅的视觉感受（图4-1-14）。

图4-1-14　水彩创作14　卢学军

作品十五：

　　这幅作品充满了画者的创意和技巧，将素描勾线和水彩的表现形式结合在一起，创造出独特而自然的视觉效果。通过灵动自然的线条勾勒出服装的细节和人物的轮廓，服装造型和人物形态相得益彰，呈现出浓烈的戏剧性。构图上以简单的分割给画面留白的同时塑造出场景的空间感，与人物的配合也具有互动性。色彩的运用非常巧妙，通过浓淡的变化和颜色的对比表现服装面料的质感和空间感，烘托人物的魅力和气质。同时，画者也很注重人物五官和神态的刻画，使得整个画面更加生动，更具故事性。整幅画作给人一种自然而流畅的感觉，充满着画者的创意和技巧，值得欣赏和品味（图4-1-15）。

图4-1-15　水彩创作15　卢学军

作品十六：

　　这幅作品运用湿画法，将黑色和黄色两种色调交织在一起，自然晕开，创造了极具冲撞感的效果，清晰明了地表现出服装版型及内外服装的层次感，与外轮廓线交织的晕染效果则展现了服装面料的皮毛质感，再将暖黄色与低纯度的绿色混合，丰富了画面的层次，为人物增加了冷峻严肃的气质。画者在色彩的浓淡变化上处理自如，笔触变幻莫测，虚幻缥缈。画者用较为细致的笔触勾勒出人物的五官和神态，而背景和人物服装被抽象化的表现手法，更是将整幅画作推向了一种神秘凝重的氛围，留白和大笔勾线的处理则让画面更具有令人陶醉的梦幻感。这种不确定的色块表现让人仿佛置身于梦境之中，感受着令人心旷神怡的艺术魅力（图4-1-16）。

图4-1-16　水彩创作16　卢学军

作品十七：

这幅作品使用单色调的色彩表现方法，巧妙运用同色系的变化和对比，使整幅画作的颜色变化和谐自然。红色调除体现在服装造型上外，还贯穿于整个画面，营造出强烈的视觉冲击力。画面色彩上的统一性和协调性很高，场景从近到远由亮变暗，用明亮的光线划分人物和背景的界限，凸显人物在画面中的主体性。通过对光影的处理，画者成功地描绘了光与空间的微妙关系，营造出立体的空间感，富有感染力。场景运用体块来表现，令人感受到强烈的动感和生命力，同时也增加了画面的层次感和质感。在主体人物的描绘上，画家运用简洁流畅的线条捕捉她自由自在的动态，人物五官并未深入刻画，以吸引观者发挥想象猜测人物的神情，简洁的服装融于昏暗的场景中，左边服装轮廓通过光线表现服装版型，通过明暗光线在人物轮廓内的变化凸显服装廓型。右边人物采用湿画法呈现水色质感，用透与不透的方式，寥寥几笔展现了人物下装图案与其外轮廓的关系，同时下装光线的明暗对比凸显了整体服装质感，清晰地表达了服装层次与上下装版型。整体画面极具艺术魅力（图4-1-17）。

图4-1-17 水彩创作17 卢学军

作品十八：

这幅作品色彩明亮、浓艳适宜，深棕色沙发上大面积黄绿亮色的运用，使整幅画面显得充满生机与活力。画者运用抽象的手法，以强烈鲜明的大色块描绘出主体人物的形体轮廓，用几近平涂的手法展现了一种独特的优雅艺术风格。现代化的条纹款式服装与复古感浓郁的沙发产生冲突感，很好地平衡了画面的复古和时尚性。此外，画家对皮质沙发质感的处理和反光高光颜色的运用也十分巧妙，人物头发、服装、沙发的颜色相互呼应、相互穿插，既实现了画面的平衡感和装饰性，又为整幅画作注入了柔和而具有诗意的自然情调。背景和主体和谐统一，也采用黄绿色调进行搭配，并降低纯度，很好地弱化了背景的存在感，也产生一种复古淡雅的感觉。画面整体明亮、清新、鲜活，令人感受到了画者的创意和艺术魅力（图4-1-18）。

图4-1-18 水彩创作18 卢学军

作品十九：

这幅作品采用极具表现力的线条和构图处理方式，使得整幅作品充满了动感和力量感。画面中心主体女性的身体曲线优美而流畅，线条自然生动，勾勒清晰明确，配以动物纹的泳衣，为主体形象注入了一份现代感，让画面更具野性美。画者对背景中环绕的男性人体进行虚化处理，使其颜色与背景自然融合，画面虚实相生。以粗犷奔放的笔触描绘强壮的肌肉线条，呈现出强烈的雕塑感，令整幅画作刚柔并济，更加具有力量感，人物动作的配合也让画面流动起来，更具韵律感。色彩的运用方面，画者运用了对比强烈的黑白色，将主体人物和其他人物区分开，表现出女性细腻的肌肤。平涂的大面积黑色块既表现了厚重大气的服装廓型，也让画面的中心构图更加稳定。背景鲜艳的暗蓝色与人物形成鲜明对比，突出了人物，色彩饱满生动，带来了强烈的视觉享受。作品将动态美感、力量感和现代时尚感融合在一起，带给人一种极富震撼性和冲击力的视觉效果（图4-1-19）。

图4-1-19　水彩创作19　卢学军

作品二十:

　　这幅作品运用速写式简洁放松的线条、松散且疏密得当的排线方式,形象地表现出服装的立体结构以及压褶的材质肌理。同时巧妙地运用线条的质感来区别表现人物与服饰,突出了线条的视觉感受。并使用同样风格的排线方式在背景中增加少量阴影,使画面充实丰富。在色彩的运用方面,以饱和度较高且颜色较纯的玫红色为主,通过控制水量的多少,用自然晕染的水痕塑造服装款式上的光影结构,区分出服装的受光面与阴影。肤色运用简约的笔触和留白手法,利用水彩的湿边特性衬托出人体结构,使得画面整体光感更加强烈。为了画面的协调统一性,用偏橘的肤色在服装上进行轻微晕染,让画面整体色调简单又不失细节变化。人物居中构图,姿态方面采用非常少见的仰视角度,在看不见人物正脸的情况下,将睫毛夸张化处理,使画面观感生动有趣,别具一格(图4-1-20)。

图4-1-20　水彩创作20　东华大学　刘晨澍

作品二十一：

　　这幅作品运用放松随意的铅笔笔触和不均匀的水彩水痕，生动地表现出服装的款式、肌理以及人物的姿态形象。采用横向排线方式体现服装的材质肌理感，同时巧妙地运用线条的质感区别表现人物与服饰，突出线条的视觉感受。袖子上不规则的弯曲长线条打破了整体框架方正冰冷的感觉，流动的曲线使画面更加灵动丰富。水彩半透明的质感和身体朦胧虚化的线条，塑造出服装面料材质的轻薄舒适，衬托了模特柔美的脖颈和躯干曲线。画者用不同的颜色划分了服装的不同部位，但始终保持偏冷的蓝灰色调，结合人物侧身的姿态和俏皮的表情，营造出一丝神秘的氛围。袖子上深紫红色的线条与人物面部的口红色调相互呼应，局部的重色也让画面更加沉稳不虚浮，整体时尚感强烈，表达时装的同时具有较高的绘画艺术性（图4-1-21）。

图4-1-21　水彩创作21　东华大学　刘晨澍

作品二十二：

　　这幅作品以中国画中的皴擦式用笔特点，来表现面料隐约的金属图案和光泽，轻松的笔法体现出服饰质感的自然。人物造型讲究以概括提炼的动态作为画面视觉形态，简化明暗关系，以中国画的留白法表现结构高光，人物表现既灵活又干练。画面背景以简单的几何形式进行分割，素雅的暗红色平衡了整体色彩，不规则的水痕仿佛幕布，颜料的深浅变化营造了光感，清晰展现了服装的廓型，生动自然，具有较高的绘画艺术性（图4-1-22）。

图4-1-22　水彩创作22　中央民族大学　蒋彦婴

第二节 作品展示

优秀服饰绘画作品展示（图4-2-1~图4-2-6）：

图4-2-1 板绘效果表现 中央民族大学 高文雯《元气虎虎》 第十四届中国高校美术作品学年展三等奖 刊登于2023《中国创意设计年鉴》

图4-2-2 手绘、板绘结合效果表现 中央民族大学 王悦萁、高文雯《日月星辰》第十一届未来设计师·全国高校数字艺术设计大赛省赛三等奖

图4-2-3 手绘水彩毛笔铅笔表现 中央民族大学 高文雯 *HMONG* 入围第四届绚丽民族风时装画大展

图4-2-4　板绘效果表现　中央民族大学　刘畅 NEWLOOK
第八届全国高校数字艺术设计大赛（NCDA）服装设计国家三等奖

图4-2-5　板绘效果表现　中央民族大学　申嘉曈《你要跳舞吗》　2021年辽宁省大学生服装设计创意大赛一等奖

图4-2-6　板绘效果表现　中央民族大学　尹晨茜《云上》　第八届全国高校数字艺术大赛（NCDA）华北赛区三等奖

后记

在高新技术发展迅猛的信息时代，各类文化快速传播，出现利弊同存的问题，如何在教学中引入优秀传统文化，感悟文脉之源，并于现代转化为新艺术创新作品，拓展到应用实践领域至关重要。作者在长期实践经验中总结出我国传统人物画中的审美与技法，提升学习者的品鉴分析能力，通过摹画的实践练习将传统绘画方式应用于现代服饰绘画的创作中，并通过自身情感的连接与带入，将传统文化潜移默化地融入创新创意之中，使作品不仅具有传统文化的内涵，也可转化为一种生产力。

《中国服饰绘画艺术表现》一书至此已经结稿，希望能够将教学实践的经验与大家分享并进行探讨。书中特别选取的图片是各高校的教学成果，虽然一些图稿的创意设计和绘画水准有限，但具有很好的实践价值，适合学习者进行较为直观的参考学习。

在此，特别感谢中央民族大学、清华大学、东华大学、江南大学、浙江传媒大学、法国国际时装学院（International Fashion Academy）为本书出版提供成果资料的老师们和同学们。

特别感谢高文雯、尹晨茜、申嘉瞳、徐丹阳、王悦其等参加文字编辑、资料绘制、图片整理工作的人员。

蒋彦婴

2023 年 9 月